父母送给女儿的礼物，帮女儿建立强大的自我防御网

给女孩的^{第一本}自我保护手册

文　捷◎编著

U0346663

中国华侨出版社

·北京·

图书在版编目（CIP）数据

给女孩的第一本自我保护手册 / 文捷编著. —北京：
中国华侨出版社, 2024.1
ISBN 978-7-5113-9065-3

Ⅰ.①给… Ⅱ.①文… Ⅲ.①女性—安全教育—手册
Ⅳ.① X956-62

中国国家版本馆 CIP 数据核字 (2023) 第 182515 号

给女孩的第一本自我保护手册

编　　著：文　捷
责任编辑：刘晓静
封面设计：天下书装
经　　销：新华书店
开　　本：670 毫米 ×960 毫米　1/16 开　印张：15　字数：160 千字
印　　刷：涿州市京南印刷厂
版　　次：2024 年 1 月第 1 版
印　　次：2024 年 1 月第 1 次印刷
书　　号：ISBN 978-7-5113-9065-3
定　　价：49.80 元

中国华侨出版社　北京市朝阳区西坝河东里 77 号楼底商 5 号　邮编：100028
发行部：（010）64443051　　　　　　编辑部：（010）64443056
网　址：www.oveaschin.com　　　　　E-mail：oveaschin@sina.com

如发现印装质量问题，影响阅读，请与印刷厂联系调换。

前言
PREFACE

近年来，随着网络和媒体的不断发展与进步，一些女孩被侵害的案件呈现在公众面前。这也给每一个女孩敲响了自我保护的警钟。

很多女孩，尤其是处于青春期的女孩涉世未深、思想较为单纯、防范意识薄弱、缺乏安全常识和自我保护的技巧。所以，女孩在平时的学习和生活中一定要提高警惕，增强自我防范意识，在努力学习科学文化知识的同时，学习一些自我保护的技能和方法；同时也要自尊自爱，学会辨别真情和假意，避免被一些甜言蜜语和小恩小惠迷惑，从而远离危险和伤害。

在个人成长的过程中，许多女孩追求优良的学习成绩、一些专业技能等，而"安全"极容易被她们忽视。实际上，增强自我保护意识，学会和掌握一些自我保护的技巧是极为重要的。要知道，一旦失去了生命，我们所拥有的一切都会变得毫无意义。

亲爱的女孩，如果你是一名在校学生，那么你应当静下心来品读本书，早早地树立自我保护意识，为自己的青春保驾护航；如果你渴望独立，刚刚脱离父母保护进入社会，那么你应当来看看这本书，学习一些自我保护的方法和技巧；如果你的身边有好友需要提高安全意识，那么你可以将此书赠给她，让她有所成长、有所收获。

　　本书是一本送给青春期女孩的"安全学习手册"，书中列举了一些安全事件，告诉青春期女孩如何尽早地树立安全意识，培养应变能力和自我保护技巧，进而保障自己度过一个健康、安全且快乐的青春期。

目 录

树立安全意识，始终绷紧"安全"这根弦

第二章

隐私安全：务必守护好自己的隐私

第三章

社会安全防范：不被诱惑、不迷失，保护好自己

校园安全：学校不是"避风港"，潜在危险要警惕

第五章

抵制诱惑：青春期的"涩苹果"不能吃

 第 六 章

网络安全：坚决防范形形色色的网络骗局

第七章

禁区莫踏入：尝试新鲜事物时，要遵守规则

第 一 章

树立安全意识，
始终绷紧"安全"这根弦

处于人生美好时期的女孩，往往会因为社会阅历少、思想单纯、防范意识薄弱、缺乏必要的安全常识而容易将自己置于各种危险的境地，从而危害到自身的健康与安全。所以，女孩自小就要树立一些必要的安全防范意识，同时也需要牢记：在任何时候，"保护自己"永远都是一个正确的观点。当危险来临时，所有的一切都是浮云。有了"安全意识"做屏障，就会时时留意自己周围的各种危险因素，为自己的安全保驾护航。

女孩，树立自我防范意识是必须要做的事

案例再现

2018 年 6 月的一天，江西赣州市某初二学生张某在下午放学后，因为下雨着急回家，就在学校门口搭上了一辆出租车，之后再也没能回家。

当天，家长在家等到天黑，都没等到女儿回家，便出门四处寻找。但直到半夜还未见女儿的身影，于是就打电话报了警。警方通过调取张某学校附近的监控视频发现了张某的踪迹。同时，警方又对市区里的出租车司机进行走访，调查后发现，当地的出租车司机根本不认识接走张某的那个司机。

几天后，警方发现一辆黑色轿车有重大嫌疑，于是就将该车驾驶员刘某抓获。经过审查，刘某交代了自己的犯罪事实。

原来，在当天下午，刘某开着非法运营的汽车冒充出租车，在校门口发现张某焦急等车的样子，就过去搭讪。听到张某说要回家，刘某就谎称自己正好与张某顺路，可以捎她一段。

张某上车后，刘某便快速驾车离开。途中刘某将车开到一处偏僻的地方，不顾张某的强烈反抗，在车上将她强奸后杀害。

"自我保护"的话题，对女孩来说其实是既现实又沉重的。在家庭教育中，许多女孩自小就被父母灌输"要懂得避开危险保护自己"的观念，但在现实生活中，却还是会有一些女孩因为缺乏必要的自我保护意识，再加上一些不法分子过于奸诈和狡猾，使自己陷入危险的境地。就像上述案例中的张某一样，在放学后，在不认识刘某的情况下，如果她拒绝上对方的车，或许就能避免悲剧发生。

2015 年，空姐李某深夜乘坐顺风车，途中遇害……

2016 年 8 月，17 岁的中学生孔某在同学的邀约下独自到外省游玩，但假期结束后并未如期返校。其间，孔某虽然多次联系家人，但其说辞前后矛盾，家人怀疑她可能被某传销组织控制，随后警方多方调查，将她解救……

2017 年 6 月，在美国伊利诺伊州大学留学的中国女孩章某，在与房东约好当天下午签约后，在途中错过了公交车。她在着急之余，一辆黑色的轿车在她身边停下，车上的一位男子和她交谈几句后，她就上了男子的车，从此一去不回……

以上各种悲剧的发生，主要是因为不法分子太过奸猾和歹毒，作案手法太过隐秘，同时也与这些女孩自我防范意识薄弱、自我保护方法和技能匮乏有一定的关系。试想一下，如果李某有极强的警觉性，在已感到不对劲时及时下车；如果孔某不轻易相信同学的话或者在离家时将事情的原委及时告知家长；如果章某有极强的警觉性，不轻易上一个陌生男子的车，后面的一些悲剧也可能不会发生。可惜，世上没有"如果"……

在如花的年纪，女孩常会因为思想单纯、社会阅历少、防范意识薄弱、安全意识缺乏等被不法分子盯上，这也是一些安全事件时常发生在女孩身上的原因。而每一次新闻报道，都会让父母深感不安。所以，无论在什么时候，树立"自我保护"的意识对女孩来说都是极为必要的。

那么，在现实生活中，女孩该如何去树立起安全防范意识呢？

1. 充分认识到自身安全的重要性

女孩，无论在什么时候，我们都要牢记：自身的安全是第一位的。尤其是面对陌生人时，一定要有安全防范意识。比如，当陌生人许诺我们某些好处，或者主动要为我们提供一些便利时，一定要注意与对方保持距离。要对与我们不熟悉的人保持警惕心理，不要轻信别人，不要随便接受别人提供的饮料、零食或其他帮助等。当然，并不是所有的陌生人都是坏人，但如果我们时时都能做到"防人之心不可无"，多多加以防范，就可以对自己的安全负责。

2. 多倾听来自父母、老师的忠告

父母和老师经历的事情比我们要多，对于各种安全问题，更有

经验，因此来自他们的安全忠告也更具有实用性。但在现实生活中，我们总是对父母的忠告感到不耐烦，会觉得他们唠叨，对他们的忠告充耳不闻。殊不知，这些充满爱意的"唠叨"中，往往包含着许多安全知识和进行自我保护的方法。在一些关键时刻，这些内容也可能会成为你保命的方法。

另外，在现实生活中，我们自身也要主动去关注各种与安全相关的知识，树立安全意识，丰富自己的安全常识，给自己的安全问题加上"防护栏"。

珍爱生命，在任何时候都不要自我放弃

案 例 再 现

2022 年 11 月，一段让人无比压抑的视频传遍全网。

在贵州毕节市一所小学对面，一家文具店的店门口，一位小女孩儿的母亲，拿着女儿的遗照坐在地上绝望痛哭，让人心酸不已。

照片上的这位女孩刚满 11 岁，她因为被这家文具店老板冤枉而悲愤跳楼自杀。原来，小女孩在这家文具店买了一件 3.6 元的文具，当时与小女孩同行的还有另外两名同学，两人作证称：当时文具店太忙，老板抽不开身，女孩临走时就将钱放在了柜台上，可因为老板最终没看到钱，便指责小女孩是小偷。

随后，店老板在没有任何事实依据的情况下，扣下了该女孩的书包及其他的学习用品。

第二天，店老板将女孩的个人信息配上"重金悬赏、紧急寻人"的字样，挂到了文具店的正门口。一时间，"女孩是个小偷"

的消息，传遍了整个学校。

小女孩为此悲愤不已，她为了自证清白，便从33楼一跃
而下……

一个11岁的小女孩，就这样不幸结束了生命。

在这个案例中，文具店老板的行为是欠妥当的，他在无证据
的情况下，随意污蔑女孩是小偷，最终造成了女孩自杀的悲剧。
但同时，女孩的行为也给我们这样的启示：无论在什么时候，我
们遭受了怎样的屈辱和诋毁，都应该珍爱自己的生命，不要轻易
放弃自己。

女孩，生命对每个人来说只有一次，一旦失去，就无法挽回。
所以，与金钱、名誉等相比，生命是无比珍贵的，每个人的生命
也只有一次。只要生命还在，不管你失去什么，都有机会让自己
重新开始。同时，我们也要知道，随着年龄的增长，你当下所认
为的过不去的痛苦、逆境等，在人生长河中只不过是一件微不足
道的小事。也许几年以后，你再回过头来看，会觉得那根本不叫事。
所以，女孩，无论我们经历了什么，珍视生命、爱护自己永远是
一个正确的观点。

那么，在现实生活中，我们该如何去提升自己抵抗挫折的能
力呢？

1. 强化心理健康方面的教育

在平时，女孩除了学习外，还应多关注一些心理健康方面的知

识，学习一些应对压力、挫折、控制情绪的方法。这样才会在遇到生活中的一些挑战时，有应对方法。

另外，在生活中，也要给自己一些抗挫折能力训练。比如我们可以给自己制订一份体育锻炼的计划，并严格要求自己，学会自律，提升个体的意志力，让自己变得更坚强，更能承受强大的心理压力。

2. 丰富课外活动

在生活中，要参与各种课外活动，如兴趣小组、体育活动、社会实践等。这些活动可以帮助我们释放压力，拓宽视野，增强人际交往能力；同时，也能提升我们的思维能力，在遇到困难时变得更积极乐观。

另外，在生活中也应该积极地阅读一些正能量的书籍，比如《钢铁是怎样炼成的》《老人与海》《假如给我三天光明》等，看得多了，自然会变得更积极、更阳光。

冷静地运用智慧，是自我防护的保障

2016年10月，山西省某县城的初一女生媛媛在上完晚自习后独自回家。在返家的途中，她路过一座公园时，被一名男子从背后扑倒后，被拉到一辆小轿车上。

突如其来的操作，让媛媛惊慌不已，但是她还是提醒自己不要慌乱。而那名歹徒向她直言，自己是为了钱财才劫持媛媛的。这让媛媛意识到，在歹徒没拿到钱的情况下，自己的生命是相对安全的。在这样的情况下，媛媛必须利用一切可能的机会进行自我解救。

于是，即使她的脸、脖颈、大腿被歹徒划伤，她还是保持理智，既没有惊慌失措，也没有极力反抗。相反，她装出像"待宰的羔羊"一样可怜的神情。

她先是和歹徒不停地聊天，以缓解原本紧张的关系，也等于在告诉对方：虽然你伤害了我，但我不恨你。接着，她又表示，自己会打电话给自己的父母，让他们拿钱来赎自己，请求叔叔不要再进一步伤害自己。

取得歹徒的信任后，媛媛便假装肚子不舒服，要上洗手间。歹徒见媛媛如此听话，于是就在马路上的一处公共卫生间前，让她下车。这时，媛媛发现洗手间里有人，便一边往洗手间那边跑一边大声地喊叫。歹徒见有人从洗手间出来，并向自己走过来，便急忙开车逃走了。

几个小时后，歹徒被顺利抓捕。

面对凶恶的歹徒，媛媛假装顺从，先让歹徒从心理上放松下来，同时积极寻求逃跑的机会，最终得以自救。可以说，正是她的沉着冷静和智慧避免了悲剧的发生。

但在现实生活中，很多女孩在面对危险时都难以理智应对，甚至明明危险已经在身边还抱着侥幸心理不采取避险措施，更别说用智慧去进行自救了。

2017年6月，河南郑州一位22岁的空姐李某，在执行飞行任务后，乘坐网约车返回自己的住所途中被司机杀害了。其实在汽车上时，她已经感受到不对劲了，可当时的她却觉得自己乘坐的是正规公司的网约车，司机不敢对自己做出有失分寸的行为。正是因为抱着这种侥幸的心理，她未及时下车脱身，还给自己的室友发信息，说："我遇到的司机是个变态，说我长得好看，特别想亲我一口。"很显然，这已经是很危险的信号了，而她的室友也意识到了这一点，因此提醒她假装给朋友打电话，以便司机能够知难而退，实在不行就想办法马上下车。可过了一段时间，室友因为不放心，给李某打电话时，李某观察到那位司机正在认真地开车，便觉得危险解除了，就对室友说自己没事了，随后就挂了电话。之后不久，李某就遇害了。

上述案例中的李某虽然已经意识到了自己的危险处境，但却因为抱着侥幸心理，没能及时下车脱身，进而酿成了悲剧。

在现实中，很多女孩在遇到危险时都会被突如其来的意外吓得乱了阵脚，但越是这种时候，就越要控制自己的情绪，这样才能为自己寻求到摆脱危险的机会。其实，一些犯罪分子在作案的时候，内心也是慌乱的，这也给了女孩自救的机会。所以，女孩若是处在危险的境遇中，一定要冷静镇定，并善于观察，用自己的智慧帮自己脱离险境。

那么，在现实生活中，女孩若身处险境，该如何自救呢？

1. 保持冷静

遇到突发情况，保持冷静是最重要的。要知道，惊慌失措会让我们丧失理性从而做出错误的决策，所以保持冷静的头脑，及时地分析情况，制定应对的方案是极为重要的。

2. 在与危险分子对决时，要表现出"配合"的态度

在遇到危险分子时，我们要先选择逃跑。如果逃不掉，并被危险分子控制住，千万不要硬碰硬，更不要开口就说"我要报警，让

警察来抓你"等威胁性的语言，这样只会激怒坏人，让对方做出不理智甚至伤害你的举动来。

相反，如果你表现出乖顺、听话的态度，适当地示弱，并表现得极为恐惧，且对坏人说"我愿意配合你"，反而会降低我们在坏人眼中的威胁感，让对方放松警惕，这样才便于我们找到自救的机会。而一旦发现逃脱的机会，就要在保证自身安全的情况下迅速地逃脱，切不可后知后觉，错失良机。

3. 善于观察

在遇到危险情况时，要善于观察周围的环境和人员，发现异常情况时要及时采取措施。在发现有可疑的人员跟踪自己，或对自身的安全造成威胁时，可以先选择逃跑，如果预判逃不掉，可以选择改变路线或者寻求帮助。

学些自卫防身术，危险来临时有大用

案例一：

2017 年 11 月，发生在浙江杭州市的一段"男子暴打女孩"的新闻事件在网上热传，一名女孩在街头行走，突然从后面追上来一名男性，用拳头重击她的头部。在女孩被男子用暴力推倒之后，该男子继续用脚不断地踢其腹部。其间，还试图脱掉女孩的外衣。之后，该男子拽着女孩的头发将女孩拖出了视频监控区域。

案例二：

2021 年 6 月，发生在河北某市的"烧烤店打人事件"的视频在网上热传。一名女子在烧烤店被邻桌的陌生男子打成脑出血，事件起因是该女子拒绝了这名男子提出的一起喝酒的要求。

以上两则暴力事件都引发了网友的震惊和愤怒，因为事件的受害者都是女孩，这也再一次为女孩们敲响了警钟。身为女孩，一方面，在生活中要尽量避免与有暴力倾向的人打交道；另一方面，我们可以在空余时间学习一些防身术，在危险来临时，更好地保护自己。

防身术是中国武术当中用于自我防卫的一种技术，它的原则和目的是保护自己避免遭受到非法侵害，迅速地脱离非法侵害者的胁迫控制。

那么，在生活中，女孩应如何去做呢？

1. 提升身体素质

学习防身术意味着需要强有力的体能，这极为考验女孩的身体素质。所以，在生活中，女孩应该多进行一些体能方面的训练，比如跑步、做俯卧撑等。有强大的体能做基础，一方面可以让我们在危险来临时更有力量逃跑或者与坏人斡旋，另一方面更有利于我们学习一些防身术。

2. 多练习一些常用的防身招数

女孩在平时的活动中，可以重点学几招防身的招数，同时也要多加练习。当我们置身于真实的险境中时，恐惧会使我们的肾上腺素分泌增加，呼吸的频率加快，作用于心肌，引起心跳加快，使我们的身体处于高度紧张的状态。这时候，我们的大脑会一片空白，平时学会的招式可能用不出来。但是，如果我们经常训练，形成肌肉记忆，那么就可以在关键的时候做出正确的招式，以达到防身的目的。

另外，防身术多用于遇到坏人时，无法逃脱的情况下，它考验的不仅仅是我们的身体素质，还考验我们的心理素质。在生活中，女孩要将更多的精力用于提高自己的警觉性，提升自己识别周围危险的能力，将更多心思用在对周围环境的预判和思考如何逃跑上，而不是想着如何与坏人打斗和纠缠。

培养面对危险时的应急和应变能力

案例再现

2015年7月的一个夜晚，湖北武汉市的8岁女孩小欣独自一人在家。爸爸妈妈因为工作加班，到晚上9点钟还未能回家。小欣在卧室看书，她忽然听到门外有陌生人"咚、咚、咚"一个劲儿地敲门，他自称是到家里来修油烟机的，让女孩赶紧给自己开门。

听着急切的敲门声，面对可疑情况，小欣并没有胆怯与慌张，反而机智地朝门外大喊"再敲就打110"，最终成功将来人吓退！

小欣的妈妈回家得知情况后，对小欣的行为很是赞赏，她未曾想到，年仅8岁的女儿在面临危险时会做出如此冷静和智慧的反应，女儿的胆子竟然那么大！

其实在几天前的白天，小欣独自在家时，也曾经有陌生男子敲门。面对这种情境，她当时就大声喊"爸爸有人敲门"，将陌生男子吓跑过一次。

面对危险的处境，小欣的做法给我们树立了一个良好的榜样。这也告诫我们，在遇到危险时，一定要具备一定的应急、应变的能力，在保证自我安全的前提下，积极地运用自己的智慧，让自己脱离险境。

有这样一句话："你永远不知道明天和意外哪个先到来。"这话听起来有些残酷，却是事实。对于女孩来说，很多危险的情况和意外都是突如其来的、令人无法预料的，我们要在平时的生活中有意识地培养自己面对危险时的应急和应变能力，以避免在危险来临时无法逃脱。

而为了让自己在遇到危险时具有应急、应变能力，我们平时也可以与父母、同学等一起准备一些"突然袭击"，培养和锻炼自己应对危险和意外情况的能力，以防万一。

那么，在现实中，我们如何去培养自己应急、应变的能力呢？

1. 磨炼自己遇事沉着冷静的性格

作为女孩，在面临危险时保持沉着冷静的头脑是至关重要的，无论你有多聪明，有多么强的应变和变通能力，如果因为恐惧而情绪失控，那么再高深的智慧和动手技能，也无法正常地发挥出来。所以，我们平时要培养自己遇到问题先冷静下来的习惯，学会安抚自己的情绪，不断提醒自己冷静思考、冷静面对，以便自己的大脑能在关键时刻积极、专注地运转，寻找最佳的解决问题的方法，而不是一团乱麻，不知所措，任由状况越来越糟糕。可以说，冷静也

是我们保证自身安全最有效的心理状态。

2. 记住一些关键信息

在日常生活中，我们要牢记父母、老师、朋友等人的关键信息，比如他们的姓名、电话号码等，并且清楚自己所在地区的派出所、报警点的位置。如果不幸遇到危险，可以寻求一切机会通知父母、老师、朋友或去报警。

女孩，要掌握一些日常的急救常识

2015年8月的一个周末，深圳市12岁的女孩晓乐正在家里写作业，突然听到家里的洗手间里传来妈妈的一声叫喊，随后便没了动静。晓乐感觉情况不妙，就赶忙打开卫生间的门。原来，妈妈在家洗澡时，突然触电，倒地不醒。这时家里根本没有大人，只有晓乐一人在家。她看到妈妈仰面躺在地上，手中抓着花洒，她很是慌张。可是基于学校教的急救常识，她判断妈妈可能是触电了。她大声向妈妈叫喊，可妈妈仍没有反应。她果断地先跑到电闸处将电闸关了，然后再进入卫生间，看到妈妈仍昏迷不醒，她立即拨打"120"急救电话。

"120"接到警报后，立即派车前往晓乐的家中。一会儿，急救车赶到，医生将晓乐的妈妈转移到客厅宽敞的地方，进行了一系列治疗。妈妈最终恢复了心跳与呼吸。随后，妈妈被送往当地医院急救，经过治疗，最终康复出院。

日常生活中，意外伤害很难避免也很难预料，女孩掌握一些急救的小常识，可以在紧急状况下确保自身的安全，同时也能对周围的人施以帮助。就像上述案例中的晓乐，正是因为掌握了一些基本的急救常识，比如在确保自身安全的情况下去拉电闸、拨打"120"急救电话等，才最终挽救了妈妈的生命，是值得我们学习的。

那么，在生活中，女孩该掌握哪些必要的急救常识呢?

1. 出血急救方法

按压止血法。用手去压迫伤口的上方，即动脉的近心端（靠近心脏的那一端），压迫时最好能触及动脉搏处，并将血管压迫到附近的骨骼上，从而阻断血流，起到止血作用。

（注意，按压止血法只适用于紧急情况，止血时间短，不能长时间使用。）

包扎止血法。将能够找到的布带（丝巾、毛巾、围巾等）做成止血带。止血带必须扎在受伤肢体的近心端，将止血带紧紧绕两圈后打结。

（注意，每隔 30 分钟松开一次止血带，放松一下后再系紧。）

2. 烧烫伤急救方法

（1）烧伤创面，立即用清水冲洗，用干净的纱布包扎。

（2）被液体烫伤后，可用冷水冲淋 10 ~ 20 分钟后剪去被浸湿的衣服，切记不要强行撕下，以免引起二次损伤。切勿将大面积深度烫伤伤者浸入冷水中，以免引起体温的急剧降低，造成休克。

（3）当烧、烫伤者缺水时，可多次少量为其服淡盐水。

（4）伤害面积超过40%时，如果出现呕吐，在24小时内禁食，口渴时可以用少量的水湿润口腔。

（5）及时送医。

3. 异物卡喉自救方法

在吃东西时，如果被异物卡到喉咙，若卡得较浅，可以尝试咳出或者呕吐出异物。如果不行，不要尝试通过大口吞咽饭团、馒头等方法将异物吞进肚子里，应尽早去医院，让医院通过喉镜或者胃镜将异物取出。

如果异物卡在气管处，应拨打"120"求救。

4. 扭伤急救方法

生活中，在走路或者运动时，不小心扭伤了身体的某个部位，可以采用以下方法自救。

停止走动。

扭伤后的48小时内，可以用毛巾包裹冰袋进行冰敷。注意，千万不要热敷。

平卧休息时可以在受伤的脚下垫一个枕头，让脚踝高于心脏平面，缓解充血和肿胀。

严重的扭伤可以导致骨折，需要尽快去就医。如果出现完全不能动、冰敷后疼痛无好转、受伤部分变紫青色、麻木没有知觉或者有刺痛感等，也需要及时就医。

此外，生活中还需要积极预防扭伤。比如，我们在平时的走路或运动时要选择一双合适的鞋子；尝试做一些增强平衡能力的运动，比如瑜伽；从事强度略高的体育活动，如球类的运动时，要做好热身运动，佩戴护腕或者护膝、护踝等。

学会运用求助电话和求救信号

案例再现

2019 年 11 月，在美国的北卡罗来纳州，一名 12 岁的女孩失踪了，父母立即报了警。

随后，尽管警方出动了大量警力在报案地点附近区域进行搜索和盘查，但始终没能寻找到女孩的任何踪迹。

随着时间一点点流逝，失踪女孩的处境越来越危险，被找到的机会也变得更加渺茫，她的家人和警方都逐渐陷入了绝望，一时不知道该如何是好。

然而，事情在两天后突然迎来了转机，在当天上午，肯塔基州警方接到了当地一位市民的报警电话，说是在开车途中看到旁边一辆车上有位少女向窗外做出了求救手势！

紧接着，这位市民便按照警方的指示紧跟那辆可疑车辆，直到警方的支援到达，最后，于当天下午在 75 号州际公路的肯塔基州路段将该可疑车辆逼停……

原来，那位女孩在被歹徒劫持后，被安置在汽车的后排座位中。在汽车行驶的过程中，这位女孩使用求救手势向汽车后面的行驶者求救。一位中年女性司机在开车时，看到了前面女孩的求救手势，并打了报警电话，最终这名女孩获救了。

这名 12 岁的女孩在被劫持途中，仍能保持清醒，并巧妙地抓住机会，向汽车外的其他人求助，最终才保全了自己。

在生活中，我们都知道"遇到危险要自救"，但多数人在危险来临时，不懂得该如何进行自救，甚至有些人连如何找警察、如何报警都不知道，更别说要抓住机会向周围的人发出求救信号了。他们在遇到危险时，会表现得紧张慌乱和不知所措，就算是有报警或者求救的机会，可能也只是会大喊"救命""快来救救我"，该如何与歹徒沟通、该如何安抚坏人情绪等，全都忘记了。很显然，这是不可能实现自救的。

上述案例也给我们以启示，即在平时的生活中，我们一方面要提升自己的心理素质，另一方面还要牢记一些求救信号和关键的求救电话。

具体来说，可以从以下几个方面去做。

1. 熟记并且会拨打各类紧急呼叫号码

生活中，我们需要记住一些紧急的呼叫号码。比如，报警电话"110"、火警电话"119"、急救电话"120"、交通事故救助电话"122"等。并且这些电话都是免费的。在多种情况下，我们只需要拨打"110"

就能够获得帮助，但若能够准确地拨打更具针对性的求助电话，会让你在最短的时间内获得更有效的救助。

2. 记一些特殊的求救信号

在一些特殊的情况下或复杂的场合中，即便是有机会拨打报警电话，也可能会在与警方通话时引起坏人的注意，给自己招来灾祸。在这个时候，我们就要运用一些特殊的求救信号，比如肢体语言，在距离较远时，可以用双臂在头顶上挥舞来求救。另外，"SOS"是国际通用的求救信号。当我们处于险境中，可以根据自身的情况和周围的环境条件，比如点燃三堆火、制造三股浓烟、发出三声响亮口哨、呼喊等向周围求救。

3. 打电话求救时，要准确描述自己的状况

一些人在遇到危险时，也会立即拨打"110"报警或拨打"120"求救，但他们接到电话的第一句话却是"救命啊！""快来救我，我遇到危险了"或者"我受伤了，要马上救治"等，他们在慌乱中除了这些本能的喊叫外，再也无法提供其他有效的信息。如果是这样，救援人员很难在第一时间赶往求救者所在的地方，对其实施救助，甚至还会因为时间延误而增加求救者自身的危险。所以，打求救电话的第一步，就是保持冷静，不要因为内心慌乱而忽略了向被求助者提供有用的信息。

提升自我的抗压能力

案例一:

江苏徐州市某 10 岁女孩因为在学校的成绩太差,在家中服安眠药轻生,留下了一段告别视频和一封遗书。女孩在遗书中说"当你们看到这封信的时候,我可能已经不在世了,因为我学习成绩不好,我死不是因为爸妈,也不是因为老师,是因为我自己各方面的表现真是太差劲了……"

"我走了你们也不用天天打我骂我了,虽然爸爸妈妈打我骂我,但我知道都是为了我好。"

……

案例二:

2018 年 4 月,在上海的一座大桥上,一名 14 岁的女孩结束了自己的生命。

原来,该女孩在事发当晚因为在学校与同学发生矛盾,回到家后向妈妈哭诉。妈妈听她诉苦后，不仅没安慰她，还对她进行了责骂和批评，女孩觉得自己太委屈了，于是就跑出家门，在附近的桥上一跃而下。

……

上述两则案例中的女孩，抗压能力相对较弱，案例一中的女孩仅仅因为成绩差而放弃宝贵的生命，案例二中的女孩也只是因为与同学发生了矛盾，在向妈妈诉说委屈后没得到安慰反而受到责骂而做出了轻生的举动，着实令人惋惜。这也给我们以这样的启示，在日常生活中提升自我抗压能力，也是在为我们的人身安全装上"防护栏"。

那么，具体来说，该如何去做呢？

1. 走出舒适区，努力去完成一件有自我挑战性的事情

舒适区，最早是地理上的概念，用来形容那些气候宜人、四季如春的地区。随后，它慢慢地衍生出了心理学的含义，指人把自己的行为限定在一定的范围内，并且对这个范围内的人和事都非常熟悉，从而有把握保持稳定的行为表现。

我们要认识到，每个人的一生都不是一帆风顺的，都会遇到这样或那样的挫折和困难。这些挫折和困难，对悲观者来说是人生的灾难，是过不去的坎；而对于乐观的人来说是一种财富，是一种成长的动力。在生活中，我们要着重培养自己乐观的个性，主动去挑战一些困难的事，当你通过自身努力达成既定的目标后，你将获得

一种成就感和自信心，而且这种成就感和自信心带给你的快乐是持久的。久而久之，你就会变成一个乐观向上的人，最终修炼出一颗强大的内心。

2. 正确地看待成功和失败

生活中，很多人承受挫折和失败的能力很弱，因为他们无法正确地看待成功和失败。实际上，成功和失败都是人生的经历，失败可以让我们更加清楚地认识自己，找到自己的不足之处。从失败中学习，能够帮助我们更好地成长和进步。因此，我们应该把失败看作一种反思和启示，去吸取教训和经验，从而避免以后此类情况再发生。

3. 在感受到压力大时，可以尝试用音乐来缓解

音乐能对人体大脑产生积极的影响。研究发现，音乐可以激活大脑中对愉悦性刺激起反应的领域，使身体分泌出"快感激素"多巴胺。多巴胺能带给我们快感，能让我们体验到愉悦。因此，在我们感到压力大时，听一些舒缓的音乐，能有效地缓解压力。

对陌生人，要时刻有防范心理

2018年10月，在江苏的一所学校中，孩子们在课间玩耍。一个穿着黑色长衣，戴着帽子、口罩和墨镜的陌生妇女进了教室，拿出棒棒糖给孩子们。

那位陌生女人走到一个小男孩的身边，拿着棒棒糖给他，小男孩正在迟疑是否要接棒棒糖时，扎着两个小辫子的小女孩就把他推开了，意思是不让他要棒棒糖。可小男孩有要糖的愿望，再次伸手去接棒棒糖，却再次被小女孩推开了。

陌生女人刚转身，一个穿红衣服的小女孩就主动去要棒棒糖，陌生女人给了小女孩一个，并且牵着小女孩的手往教室外走。可快走到教室门口，眼看她的计谋要"得逞"时，那个扎着小辫子的小女孩快速地走到他们身边，将红衣小女孩拉了回来。

这其实是这所学校特意给孩子们安排的自我保护情景课，如果谁接受了陌生人的东西，谁就会被陌生人带走。很显然那位小辫子女孩做得极好，受到了老师的表扬。

　　学校的这节情景课，旨在告诫孩子们，要对周围不怀好意的陌生人予以防范。同时，如果能力允许，在确保自己不受伤害的前提下，还要对周围的受害者施以援助，以防悲剧发生。

　　那么，在现实生活中，我们具体该如何去做呢?

　　1. 在混乱的场合，不要随意和陌生人搭讪

　　无论身处何地，我们都要注意自己所处的外在环境，如果你所出入的场所是展览馆、博物馆、影院等公共场所，相对会更安全一些。如果你处于歌厅、酒吧等鱼龙混杂的场所，那就要对周围的陌生人保持警惕。如果你无法分辨出一个人的好坏，那就干脆不要主动去搭讪陌生人，而且也不要轻易相信陌生人所说的话，更不要向他人透露重要的个人信息，因为有些坏人会用各种话题引人上钩。

　　2. 不要对陌生人太热情，不要被陌生人的表面欺骗

　　有些坏人通常会制造善良的假象骗人，一旦我们放下防备，主动接近他们，后果不堪设想。所以，一定要和不熟悉的人或陌生人保持适当的距离。

　　3. 不要随便跟陌生人走

　　一些坏人常会用各种理由让人跟他走，而我们不要因为好奇、贪玩等而随意跟陌生人走。

4. 生活中多关注真实案例，提高自己的警惕性

在课余时间，我们可以通过观看新闻了解社会上一些伤害性案件的发生原因、过程、结局等，吸取其中的经验教训，提高自身的警惕性。同时，这也能够帮助我们识别坏人，树立起更强的防范意识。毕竟害人之心不可有，但防人之心也不可无。

第二章

隐私安全：
务必守护好自己的隐私

　　如何避免性侵，如何保护自己的隐私，是每个女孩在成长过程中都绕不开的问题，也是很多家长急需给孩子补上的一堂课。可当下现实中很多家长面对这个问题，却不知道该如何去教。最为关键的是，隐私安全教育不仅关系到性知识，还涉及复杂而危险的熟人作案、未成年人犯罪等情况。综上所述，防范性侵，注重自身的隐私安全，仅仅靠传统的性教育以及父母的教育和保护还远远不够，必须让女孩学会自我保护。本章以女孩的隐私安全为主题，对生活中可能出现的各种场景进行了模拟再现，让女孩认识到什么是性侵，并学会应对，从而提升女孩的隐私安全，保障她们的性心理健康，同时也为家长们排忧解难。

每个女孩都有不允许触碰的隐私

案例一:

在天津市某小区,9岁女孩小欢放学回家后告诉妈妈自己的大腿内侧的隐私部位不舒服,妈妈发现小欢下体的隐私部位有瘀伤,很是惊讶。妈妈原本想这可能是孩子在学校玩耍的时候不小心磕到了,于是就带小欢去了医院。医生检查后,告诉妈妈,小欢的伤很有可能不是磕的。妈妈在震惊之余,再三追问小欢。最终小欢把在图书馆看书时,被邻座的大叔强摸下体的事情说了出来。幸好,小欢没有遭受到其他伤害。妈妈并没有责怪女儿的隐瞒,而是第一时间安抚了她,并且告诉她:"每个女孩都有不允许被别人触碰的隐私部位,以后一定要记得保护自己,并及时将自己受侵害的事情告诉大人。"

案例二:

在河南新乡市的某小区,爱在小区小花园中聊天的老人们发现，一个 10 岁左右的小女孩经常到小区门口的小吃店去买东西，有时候还会抱出来一大盒好吃的食物。

刚开始大家谁也没有留意，觉得小女孩也就是贪吃，后来这些老人慢慢发现，小女孩每次都拿一大盒食物出来，但从未见她的家长陪她一起去。而且大家也听说，这个女孩的家境并不好，她的爸爸和妈妈很早就离婚了，现在由她妈妈一人带着她。因为妈妈要上班，所以经常不在家。

直到有一天，一个邻居到这家小吃店去买东西时发现，女孩从店里拿东西根本没有付钱，是店老板免费送她的。当然，店老板也会不白白送东西给女孩，而是每次都要求女孩脱衣服，任由他猥亵。

后来，邻居和女孩妈妈说了小女孩受侵犯的事情，女孩妈妈立即报了警。

很多女孩隐私受侵害，都是因为对自己的身体缺乏正确的认知，缺乏保护意识，不懂得如何保护自己身体的安全与健康，甚至用身体来"换取"自己喜欢的物品，这是件可悲的事情。

对于女孩来说，隐私部位受到侵害，所带来的身体或心理上的伤害可能是永久性的，我们一定要重视起来。其实，一些女孩隐私受到侵害，一方面，是因为她们没意识到这种事情的严重性；另一方面，是因为她们从未被教导遇到这种事情该如何去处理。还有一些女孩觉得，隔着衣服被人触碰隐私部位，好像也没有什么，所以就没在意。这些都与女孩对身体知识缺乏了解和对隐私安全忽视有很大的关系。在学校和家庭教育中，身体尤其是隐私部位，都是极为敏感的话题，很多父母也不懂得如何向孩子普及这些常识，而这正是诸多悲剧发生的主要原因。

所以，在生活中，女孩要主动去通过阅读书籍、看科教类的视频等方式了解一些有关身体的知识和隐私安全常识，明白哪些是不能被触碰的身体部位，比如胸部、屁股、下体等隐私部位，是绝对不允许人触碰的，一旦被触碰就要提高警惕，避免被进一步侵犯，造成更大的损伤。

另外，女孩还要知道以下几点。

1. 一旦隐私部位被触碰，要及时告诉父母

身体隐私部位被触碰时，大多数女孩自己并不能判断是不是被侵犯，这时一定要勇敢地告诉父母。只有及时告诉父母，寻求父母的帮助，才可能把伤害降到最低。

2. 与性侵害相关的知识

女孩除了主动去了解自己的身体外，还要去了解一些性侵害的知识，这样才能防止自己被侵害了还不自知。

一般来说，性侵害主要有以下几种类型。

第一，暴力型性侵害：是指犯罪分子使用暴力和野蛮的手段，如携带凶器威胁、劫持女孩，或者以暴力威胁加上语言方面的恐吓等，从而对女孩实施强奸、调戏和猥亵等。

　　一些坏人在与女孩交往的过程中，常会采取欺骗的方法取得她们的信任。一旦女孩处于孤立无援的情境，他们就会使用凶器、殴打等暴力方式迫使女孩就范。如果在性侵害过程中被侵害人强烈反抗，或者犯罪分子害怕事情暴露，他们还可能会剥夺被侵害人的生命。

　　第二，胁迫型性侵害：是指作案主体利用自己的权势、地位或职务等，对女孩采用利诱、威胁、恐吓等方法，如曝光隐私、毁坏名誉等手段，对其实行精神控制，使她们无法反抗，或在对方有求于自己的情况下，给女孩以某种承诺，迫使其不能反抗而就范。

　　胁迫型性侵害主要有以下几个特点：其一，利用职务之便或乘人之危而迫使女孩就范。其二，设置圈套，引诱女孩上钩。其三，利用过错或者隐私要挟女孩。

　　第三，社交型性侵害：是指在自己的生活圈子里发生的侵害，与受害人约会的大多是同学、熟人、同乡，甚至是男朋友。社交型性侵害又被称为"熟人强奸""沉默强奸""社交性强奸"等。受害人身心受到伤害以后，往往出于各种考虑而不敢加以揭发。

　　第四，滋扰型性侵害：是指在自己的生活圈子里的性侵害，与受害人约会的大多是同学、熟人、同乡等，在商店、公共汽车等公共场所有意识地挤碰女孩，进行暴露生殖器等变态式性滋扰，或者向女孩寻衅滋事，无理纠缠，用污言秽语进行挑逗，或做出下流举动对女孩进行侮辱和调戏等。

　　第五，诱惑型性侵害：是指利用受害人追求享乐、贪图钱财的心理，诱惑受害人而使其受到的性侵害。

熟人侵犯，需要女孩重点防范

案例一：

晓琪今年9岁，她的爸爸妈妈在很早的时候就离婚了。后来，妈妈再婚，晓琪就有了一个继父。在家里，继父经常趁妈妈不在家，给晓琪洗澡，而且他上厕所也不回避人。有好几次，晓琪在洗手间洗脸时，继父竟然在她身后上厕所。有很多次，继父都要求晓琪同自己睡在一起，晓琪觉得不合适，有时会找一些借口回绝，但有时就屈就了。她不知道该怎么办，想告诉妈妈，又怕妈妈伤心；想逃离，又不知道自己能去哪儿；想找人倾诉，又不知道该告诉谁……

案例二：

2015年2月，太原市公安局接到了一个妇女打来的电话，说她14岁的女儿遭一位男性邻居强奸，并致怀孕。相关人员当天就派人员前往女孩家附近调查此事。

经了解，小女孩戴某父母离异，跟随母亲生活，母亲因为忙于工作无暇顾及，于是就委托邻居李某帮忙照顾女孩，并让女孩在其家中吃午饭及休息。可未曾想到的是，李某竟多次对戴某实施奸淫。懵懂无知的戴某事后并没有及时将此事告诉母亲，直到母亲看到女儿"发胖"，才发现她怀孕的事实，当即就带领戴某到公安机关报案。

在现实生活中，有些女孩也曾有过类似晓琪和戴某的经历。她们思想单纯，甚至懵懂无知，在与熟悉的人相处时，警惕性不高，再加上当这些熟悉的人对自己动手动脚时，不知道该怎么办，所以很容易遭遇性侵。

还有一些成年人，总是以"你太可爱了，太讨人喜欢了""我是你的长辈，摸你是爱你的表现"等为借口，对女孩动手动脚，让女孩不知所措，任由对方对自己施以性侵。对此，女孩要认识到，身体是自己的，任何人都不能以任何理由触碰你的身体。对于熟人各种理由的触摸，我们要敢于说"不"，也要将自己的遭遇及时告诉爸爸妈妈。

在生活中，父母经常会向孩子灌输"陌生人危险"的信息，然而在性侵这件事情上，最危险的往往不是陌生人。调查显示，在性侵事件中，熟人作案的概率实际上远远高于陌生人。针对 18 岁以下的性侵案件，约有 80% 是熟人作案，这些人通常是女孩最熟悉、最尊重、最亲近和最依赖的人，比如亲人、邻居、老师或父母的朋友等。他们恰恰是利用熟人身份接近女孩并取得信任，再加上自身力量以及身份、地位等优势，使性侵事件更容易发生。所以，在生活中，女孩一定要有对熟人的防范意识，在与异性的熟人，包括老师、周边的朋友、亲戚等相处时，绝对不允许对方查看和触碰自己身体的隐私部位。

具体来说，可以按以下几点去做。

1. 与熟人相处时，要勇敢地将自己的底线说出来

女孩在懵懂无知，不懂得如何拒绝的时候，最容易被性侵。这就要求我们在平时的生活中要提升自我认知，认识到男女有别。无论在怎样的情况下，以什么样的理由，任何人都无权触碰你的身体。同时，在与熟人相处时，要保持适当的距离。如果感到情况不妙，不要忸怩作态，更不要被动地接受，而是要勇敢地说出你的真实感受，将自己的底线说出来。否则，只会酿成恶果。

2. 如果被熟悉的人以"把柄"威胁，你也不能任由对方摆布

在河南的某所中学，一位 12 岁的女孩因为考试作弊被监考的男老师抓到，当天她没有被批评。几天后，那位监考老师将女孩叫到自己的办公室，恰好办公室里只有他一人。没想到，监考老师竟然强行亲吻女孩，并且还摸了女孩身体的隐私部位。事后，这位老师威胁女孩说："你要敢跟别人说，我就把你考试作弊的事情说出去。"女孩很害怕，事后也不敢将被侵害的事情告诉别人。

上述女孩显然是被别人抓住了把柄，所以任由对方摆布。同时

也可能带来这样的恶果，那就是女孩一而再、再而三地遭到那位老师的性侵犯。所以，如果遇到类似的情况，我们切不可任由对方摆布，而是要勇敢地揭发对方，将对方威胁你的事情及时告诉家长。

3. 与熟悉的男性保持适当的距离

在生活中，女孩觉得跟自己熟悉的人应该亲密无间，哪怕对方是男性。实际上，男女有别，随着年龄的增长，女孩应该跟男性保持适当的距离，尤其是要杜绝对方触碰自己身体隐私部位的可能。比如，我们不要随便跟男性亲戚、朋友、老师等睡在一张床上，也要尽量避免单独跟他们待在同一个房间。

这些隐私侵害和性侵害常识，你一定要知道

案例一：

2014 年，广西柳州市某小学一位体操老师被警方带走。据班级里的学生说，这位体操老师曾多次在上体操课期间，触摸女学生的隐私部位，还有的女孩子被命令观看或抚摸那位老师的身体。

案例二：

2015 年 6 月，在湖北恩施市一所小学内，一名二年级的女孩小青被老师要求在课堂上脱光衣服，示众 1 分多钟。原因是小青考试成绩太差，拖了整个班级的后腿。

小青尽管十分不情愿，但屈服于老师的威慑，只能将自己的衣服脱光。然后，老师还让小青站在教室的最前面，并且问同学："小青羞不羞？学习成绩差，就要受这样的惩罚。"

当天下午放学后，小青的爸爸到学校去接她，便有小青的

同学当着他的面说："小青羞羞脸，把衣服裤子都脱光了，站在教室前面……"小青爸爸随即询问小青，小青就把当天下午脱衣服的事情说了出来。爸爸很气愤，便打了报警电话。

这件事情也给小青带来了巨大的心灵上的伤害。整整一周时间，小青都不敢去上学……

近几年，类似上述案例中的性侵害事件，被报道得比较多。在现实中，一些女孩遭到性侵，更多是因为对"性侵"这件事的认知比较模糊，觉得在学校中，被异性，尤其是异性师长触摸一下没什么，于是就听之任之，纵容他们的这些不当行为，进而给自己带来更大的伤害。就像案例二中的小青，老师的行为显然已经构成了性侵，但可能她对"性侵"这件事的认识不够，再加上老师的威慑，就当众脱光衣服，使自己的身心遭受了严重的伤害。

其实在现实生活中，多数女孩遭受性侵，都是因为性侵或隐私侵犯知识匮乏，比如在学校里被男同学抚摸，在体检时被医生要求脱光衣服，等等，因为不懂什么样的行为属于性侵或隐私侵犯，所以就觉得这些没什么，进而纵容了那些性侵者的恶行，给自身带来巨大的伤害。所以，对于女孩来说，要更好地保护自己的隐私，就必须了解一些有关性侵害和隐私侵犯的基本常识。

在生活中，那些非意愿的性接触和强迫性的性行为都属于性侵害，比如，上述案例一中老师的行为，即教唆未成年人观看或者抚摸异性的身体隐私，都意味着性侵。简单地说，隐私侵犯，是指个体的私生活和不愿为他人知晓的私密空间、私密活动、私密信息等被非法侵扰、知悉、收集、利用和公开的行为。案例二中，老师强迫未成年人当众脱光衣服的行为，属于隐私侵犯。生活中，我们一定要懂得这些基本的常识，这是确保自身安全不被侵害的基本前提。

另外，在生活中，女孩还要注意以下几个方面。

1. 对一切需要脱光衣服的行为要注意

如果有人教唆自己脱光衣服，特别是在封闭、隐蔽的地方，一定要警惕，不能轻易服从。这有可能是欺诈或者坏人准备实施性侵害，如果发生这种情况，父母又不在场，就坚决不能同意。

2. 勇敢地拒绝不适当的和有害的身体触摸

有的女孩可能会认为，不适当的身体触摸单指坏人触摸自己，其实被强迫性地触摸对方也是性侵害。总之，一切让女孩观看或者触摸他人身体或者自己隐私部位被人触摸的行为，都属于性侵害。一旦被异性教唆触摸他的身体，我们应当立即拒绝，绝不能屈服，因为屈服了，有可能下次还会发生同样的事情。

3. 警惕言语方面的性侵害

性侵害并非单指行为上的，有时候还体现在语言上。比如，同学间不文明地造谣你与男同学有关性方面的事情，男性对自己语言上的挑逗、隐私部位的辱骂等。生活中，如果遇到这类事情，一定要告诉父母或老师，让他们帮你解决。

另外，我们也不要参与到性侵害的事件之中，比如散播其他同学与性有关的谣言，跟着同学瞎起哄、添油加醋，并对同学进行隐私部位的辱骂等。

你的隐私，那是不可向人说的秘密

案例一：

11岁的形形，是班级里第一个来月经的女生。月经刚来那天，她心里害怕极了，于是就跟同班级里的好朋友周某诉说自己的苦恼。可令形形没想到的是，周某却将自己的秘密四处宣扬，让班级里的同学全部都知道了。结果，有许多同学开始嘲笑她，并且说道"形形要生孩子了"。形形听到急得哭了起来。

案例二：

13岁的菲菲最近非常烦恼，因为同学总是在背后对她指指点点。就连原来的同班好朋友也在刻意地远离她，究竟是什么事情让菲菲面临如此的境遇呢？这件事还得从一张报告单讲起。

一个星期以前，菲菲总是感觉下体瘙痒，她很是担心，但她又不敢将此事告诉妈妈，因为妈妈平时工作太忙了，如果她将此事告诉妈妈，一定会引来一阵抱怨，于是，她就让自己的好朋友萱萱陪自己到诊所去做了检查。医生检查后，说菲菲的免疫力有些弱，再加上她平时不太注意个人卫生，很可能是感染了妇科炎症。同时，医生还给她开了一些药，嘱咐她平时多注意卫生就行了，不是什么大问题。

菲菲以为这种小事很快就会过去，但未曾想到，她竟然发现班级里的几个人经常偷偷地盯着她窃窃私语，似乎在议论着什么。

于是，菲菲就找机会问了一些参与议论的同学，同学告诉她，她的朋友萱萱跟大家说，她不懂得自爱，不洁身自好，在外面不知道跟什么人鬼混，染上了妇科疾病，现在大家都觉得她是个不干净的女孩。

在现实生活中，一些女孩因为害怕，也是出于对朋友的信任，会将自己身体上的隐私告诉对方，最终却给自己招来"出卖"和"非议"。当然，并不是所有的朋友都会这样，而且会这样做的也不配"朋友"二字。但上述的两个案例也提醒我们，身体隐私属于我们自己的秘密，如果遇到烦恼和麻烦，我们可以先向父母去求助，切不可随便将这类秘密告诉给周围的人。

女孩身体上的隐私是最为重要的，包括她们的私处、月经周期、生殖健康等，这些内容都应该保护，切不可随意谈论或公开；否则，将会给自己带来无尽的烦恼，甚至是悲剧。

《悲伤逆流成河》中的女主角易遥是一名高中生，因为偶然感染了疣病，遭受校园暴力，被贴上了"不检点""不自重"的标签，到最后，她在愤恨中跳河自杀。生活中，每个女孩可能都有自己的好朋友、闺密，平时会互相帮助、互相鼓励，偶尔还会分享一些小秘密。但是，无论多么亲密的朋友，当涉及身体的隐私时，我们都需要"自私"一点儿，不能对朋友全盘托出。

在面对自己的隐私方面的苦恼时，我们最好遵循以下几个原则。

1. 了解自己的身体与基本的生理卫生常识

女孩爱将隐私告诉朋友，多数情况下是因为对未知恐惧，而我们恐惧的根源就是对自己的身体不了解和缺乏基本的生理卫生常识。所以，女孩在平时要主动去了解自己的身体，去学习一些最基本的生理卫生常识，这样就可以在出现状况的时候，减轻自己的心理负担。比如案例一中的彤彤，如果她能及早地掌握一些月经常识，也不会在初次来月经时大惊小怪了。

2. 做个能守住隐私秘密的人

生活中，无论与多好的朋友相处，女孩们都应该守住自己的一些小秘密，切不可事事都畅所欲言，有些秘密你自己知道就可以了。

当然，如果你的朋友向你透露了一些小秘密，我们也不必用自己的秘密或者隐私去交换，以表明自己的"真心"。相反，我们还要提醒朋友："这些秘密很重要，不要告诉别人，只有你自己知道才是最安全的。"同时，我们也要懂得去替朋友保守秘密，不要转告别人，更不可大肆向他人宣扬和炫耀。

3. 自己的隐私被人传播，你一定要坚决反抗

身体隐私是我们一定要绝对保密的，可一旦被传播出去，你不可听之任之，而是要坚决反抗，并且警告对方，不许再继续传播你的隐私，将传播途径及时切断。必要的时候，你甚至可以勇敢地拿起法律的武器来维护自己的权利，让那些随意传播他人隐私的人受到法律的惩处。

与异性相处，要保持一个安全的距离

案例再现

　　10岁的茵茵，是一个活泼好动的小女孩。可是茵茵妈妈最近发现女儿有点儿不太对劲，回家后不怎么爱说话，也不想去上学了。

　　茵茵妈妈心里猜想女儿可能在学校发生了什么事情，就心平气和地向她了解情况。在聊天的过程中，茵茵说这段时间自己在学校经常被同班的一个男孩子亲脸蛋，还摸屁股。

　　听了女儿的话，妈妈吓了一跳，忙问她："那你是怎么做的？"女儿说："我将他推开了，让他不要靠近我。"

　　茵茵妈妈听完女儿的诉说后，安抚了她并称赞她的做法很正确。第二天早上，茵茵妈妈就陪着女儿一起到学校找老师了解情况。在学校的监控中发现该名男孩确实亲吻了茵茵的脸蛋还摸了她的屁股，最终学校将小男孩的家长叫到学校进行协商处理。

上述案例中家长和女孩的做法都值得称赞，也值得我们学习和借鉴。其实，不管是孩子还是大人，在与人相处和交往时，都要有"界限"，即设定一个安全的距离。

　　曾经有科学家将人类个体空间的需求分为四种距离：公共距离、社交距离、个人距离与亲密距离。而人与人之间关系不同，彼此之间的距离也各有差异。但是，无论哪一种距离，只要我们与对方相处时感到舒适，那么彼此之间的距离就是合适的。否则，我们就会感到不舒服、不安全甚至被冒犯。

　　在上述案例中，女孩之所以制止了男生的行为，就是因为她感觉自己与对方的安全距离被打破了，这让她产生了不适感。而这种制止也是极为有必要的，因为这就向对方传达了一个信息："你突破了我的安全距离，我遭到了你的冒犯，你必须马上停止！"可那位男孩还是不懂得收敛自己的越界行为，最后女孩向大人求助。

　　当然，上述案例中的妈妈也是一个有距离感的人，知道人与人之间要保持安全的距离，并将这种观念传递给女孩，让女孩自小就建立了属于自己的安全距离，保护着自己的身体安全。这也给我们以警示，在日常的生活中，无论与谁相处都要给自己设定一个自我感觉安全的距离，以保护自己的身体不受触碰和侵犯，保护自己的身体隐私。

　　那么，在生活中，我们具体该从哪几个方面去做呢？

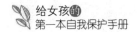

1. 形成自己的"界限"

对于女孩来说，要保证自身的隐私安全，就要形成自己的身体界限和心理界限。有的女孩可能会问："什么是界限呢？"实际上，一个人从出生开始就会形成一个"我"的概念，比如，我的身体、皮肤、想法、意愿等。随着年龄的增长，围绕"我"就会形成一个"我的"概念，比如我的衣服、我的裤子、我的帽子等。

有的小男生会被妈妈带去女卫生间，这不仅是妈妈对自己身体的越界，也是小男生对其他在卫生间女性的身体越界和心理越界。6岁是孩子形成身体界限、心理界限的重要时期，形成界限的时间越晚，我们对自身界限和心理界限的敏感度就越弱。

生活中，对于别人身体越界、心理越界的行为，我们要懂得拒绝，保持适当的距离，勇敢地说"不"。

2. 与男性相处时，要注意保持安全距离

安全距离是指，你能够轻松自如地掌控自我，不会因为他人的靠近和干扰而影响自己的意愿或行为。比如，我们在乘坐公共汽车时，如果车上还有空位，一般都会选择周围人比较少的位置，而不会去和别人挤座位。这其实就是安全距离问题，在周围没人或人少的位置上，你会感到更为轻松、自如，既不怕影响别人，也不用担心别人影响你。

明白了安全距离的概念后，你就可以给自己设定一个这样的安全距离。有了这个安全距离，你就能够理性地隔开自己与他人，不会给人一种没分寸、没界限的感觉，别人也会更尊重你。比如，当

你与男性相处时，如果你有比较明晰的安全距离概念，那么就不会随便与男生勾肩搭背，与男生一起运动、玩游戏时，会尽量避免身体上的触碰；如果有男性提出过分的要求，你一定会回绝，而这些都会在一定程度上保护你的个人隐私。

降低被陌生人侵犯的风险

案例一：

2015年4月，河南新乡市五年级的女孩纤纤的手机在课间收到一条陌生信息：我有很重要的东西要交给你，放学后在学校后山的松林旁边见。这是我们两个人的秘密，希望你不要告诉任何一个人。落款是"一个时常关注你的人"。看到这条信息，纤纤很高兴，觉得应该是自己的同学在给自己制造神秘感。但是，没过多久，她又开始犹豫起来："都不知道是谁，在后山与人见面，不会出什么事吧！"可是，在放学后，纤纤因为好奇心的驱使，还是只身前往学校的后山。但她刚走到山上，就发现一个戴着墨镜的陌生男子，纤纤感到不妙，于是就开始往山下跑。可那时已经晚了，最终纤纤被男子抓住、猥亵并杀害。

案例二：

湖南岳阳市的一位12岁的女孩经常用电脑与一位未曾见过面的网友聊天，对方还诱导女孩发了自己的隐私照片。

据女孩陈述，刚开始与那位网友聊天时，对方会问自己："你缺不缺钱？你有什么东西要买没有？你缺钱的话姐姐给你买，并且寄到你家里。"刚开始，女孩拒绝了。但是，随着聊天次数越来越多，那位网友对女孩抛出的诱惑也越来越大，最终女孩答应了对方，并给对方提供了自己的家庭住址。

之后，那位网友不断地诱导女孩给她发身体照，最终女孩也照做了。据女孩说："很多同学都这么玩，我在网上和班级的其他同学聊天了解到其他同学也想加入……知道是错的，但就是没经得住利益的诱惑。"

不久之后，父母发现了女孩的行为，果断报了警。

实际上，上述两个案例中的女孩因为缺乏必要的安全意识，对陌生人的警惕性不高，最终使自己陷入险境。实际上，在生活中，一些性骚扰者不一定会使用暴力，更多的时候会利用信息陷阱、利益诱惑、假装关爱等方法对女孩进行性侵害。所以，在生活中，女孩对任何没有原因的礼物或者求助等，都要保持警惕性。

有个电视台曾经做过一个针对9~16岁女孩的自我安全防护方面的测试。有150名女孩接受了测试，其中有近一半的女孩最终都被"陌生人"成功拐走。美国也曾经对 12 岁左右的女孩进行过调查，问她们哪些是"不能说话的陌生人"，这些女孩的回答最多出现的竟然是"长得难看的人""对我很凶的人""说话声音很大的人"等。这些实验的结果让人大吃一惊。实际上，在生活中，女孩就应该树立针对陌生人的自我保护意识，以避免被陌生人侵害。

具体来说，我们要从以下几点努力。

1. 对待陌生人，千万不可"自来熟"

在日常生活中，我们在与陌生人打交道时，做到大方、谦虚有礼就好了，千万不要"自来熟"。这里主要指与陌生人交往时，不要什么话都同对方说，比如自己的家庭住址、家庭成员的具体情况等，这样会让对方更了解自己，便于对我们实施伤害性的行为。当陌生人向你提出一些请求，你如果感觉有危险，就要找理由拒绝。比如说自己有急事，不方便提供帮助等。

2. 面对陌生人的邀约，切勿立即赴约

对女孩来说，如果在网上或者手机上看到有不熟悉的人约你，切勿盲目赴约，可以忽略那些邀约信息。如果是同学或身边熟悉的人介绍的朋友，你必须赴约，最好事先征求父母的意见，或让大人陪你一起去。

3. 以下生活中的细节要格外当心

其一，跟男家教、男老师，或者是男同学单独在一个房间里，最好不要关门，或者从根本上杜绝与这些男性单独待在一起。其二，

在拥挤的车厢里发生让人感到不舒服的身体摩擦，要主动离开，找个安全的地方待着。

4. 时刻保持安全意识

在与人交流时，无论是陌生人还是熟人，女孩都要保持安全意识，与他们尽量保持一定的距离。不要太相信他们，在与他们交往时，要多留一个心眼儿。一旦发现他们有明显的越轨行为，尽量停止接近或者是减少与他们接近的机会。很多女孩身体方面受到侵害的重要原因之一，就是不懂得与这些人保持距离，更不懂得大胆地拒绝。

识别常见的安全隐患，杜绝性侵危险的发生

案例一：

2015 年 8 月暑假期间，武汉市的刘先生为了提高女儿瞳瞳的学习成绩，请了一名张姓的家教老师。于是，在暑期的每天下午 4 点钟左右，张姓老师都会准时到家中给瞳瞳补习功课。

瞳瞳今年 12 岁，在张老师的辅导下，经过几轮试卷测试，成绩竟然有所提升。对此，刘先生也很高兴，所以对张老师的教学很是认可。

但是随着时间的推移，这位家教老师的真面目逐渐从笔挺的西装和文雅的言辞下显露出来。

有一天，父母出门办事，家里就剩下张老师和瞳瞳两人，张老师见家里没人，便趁机强奸了瞳瞳。瞳瞳本想告诉父母，但是张老师却一直威胁她，要是敢说出去，就直接杀了她。

所以，在半个多月的时间里，瞳瞳都刻意回避张老师，父

母没有发现什么异样，觉得是女儿厌学所以就结束了张老师的课程。但是瞳瞳难以承受那次张老师对自己的侵害所带来的心理压力，于是，就向父母坦白了那件事。父母听说之后，果断地报了警。

案例二：

2019年5月的一天，天津市13岁女孩茜茜与家人闹矛盾不愿回家，于是就打电话给自己的同学周某倾诉，周某让她到陈某的住处借宿过夜。陈某是一名未成年人。在此期间，周某明确告知陈某，茜茜是未成年人。

可就在当日晚，陈某饮酒后在其卧室内，采用捂嘴、拳头砸桌子等方式对茜茜进行恐吓，并强行与茜茜发生了两性关系。随后，陈某将茜茜反锁在房间内，非法限制她的人身自由。约半小时后，陈某来到茜茜休息的小房间，再次强行与她发生了两性关系。

事后，茜茜回到家中，将此事告诉了父母，父母随即报了警。

对安全隐患的忽视、性教育的缺失，都是女孩遭受性侵害的主要原因。在生活中，一些女孩常会被教育在人际交往中对人要真诚，只有信任他人，才能收获友谊等。这些观点是对的，但却忘记告诉女孩，在付出真诚和信任的同时，我们更要注意守护自身的安全。比如，案例一的情境中，一些女孩甚至一些父母都觉得家教老师是最值得我们信任的人，却忽视了潜在的风险，于是让孩子和他单独待在一起，悲剧就发生了。案例二中的女孩茜茜本觉得自己同学推荐的好朋友，应该是值得信任的，可悲剧最后还是发生了。所以，在日常的交际中，女孩要时时将自我安全防范这件事放在心上，主动去识别身边的安全隐患，从而杜绝悲剧事件的发生。比如，无论在什么样的情况下，女孩最好都不要单独与除爸爸和兄弟之外的异性待在一起。如果有任何有安全隐患的事情发生，一定要事先告诉父母。在晚上，女孩最好不要在好朋友或者同学家里过夜。只有时时绷紧这根弦，我们才能杜绝悲剧事件的发生。

另外，我们还要注意以下几方面。

1. 女孩尽量避免与异性单独待在一起

无论在家里，还是在外面，女孩尽量不要跟除父亲和兄弟之外的异性待在二人空间以及黑暗的地方。因为这些地方都是案件多发之地。遇到这样的情况，要想办法尽快离开。在这样的空间，危险度会大大提升。更不要给对方任何暗示，不与他们进行亲密的肢体接触。

一档法制节目曾经报道了这样一则新闻：

一位 19 岁的女孩想换一份工作，花 20 元乘坐一辆三轮摩托车到工厂面试，摩托车司机提出到他的出租屋午休后再到工厂面试，女孩就随他到出租屋休息。最初，摩托车司机让女孩睡他的床，他则靠着沙发休息。到下午 2 点钟左右，女孩不幸遭遇摩托车司机的侵犯，并被其杀害。

在事件发生的整个过程中，这名女孩丝毫没有安全防范意识，单纯地相信陌生人，造成了悲剧。所以，对女孩来说，只有增强自身的防范意识，才能有效地避免恶性事件的发生。

事实上，一些女孩身体被侵害的悲剧事件的发生，往往是因为受害者不懂得在隐秘空间要尽快地撤离。比如，当男性接触到自己的身体时不敢反抗，从而令对方有恃无恐，或者给对方传达了错误的信息，让对方以此为借口实施侵害行为。所以，女孩们一定要自小就树立起安全防范意识，尽量不要与异性一同待在比较隐秘的空间，如果无法避免，也要想办法尽快离开。

2. 要打破固有的一些认知

在生活中，女孩被性侵害，与她们一些错误或者是固有的认知有关。所以，改变和扭转自己的一些错误或固有的认知，也是十分有必要的。这些错误或固有的认知主要表现为：其一，认为自己不可能会被性侵。在任何时候，都要保持安全意识，只有绷紧"安全"这根弦，才能最大可能地避免受到侵害。其二，想当然地认为，那些侵害自己的是陌生人。生活中，我们时常会对陌生人保持极高的警惕心，错误地认为，只有陌生人才会侵害自己。事实却并非如此，自己最熟悉、最信任、最尊重、最亲近和最依赖的人，比如亲人、邻居、老师、父母的朋友等，都有可能侵害自己。其三，觉得自己只要远离与性侵害有关的所有信息就可以无忧了。实际上，很多性侵事件的发生，就源于女孩对性知识、法律知识等的无知。在生活中，女孩要主动学习一些性教育知识，了解一些基本的法律常识等，这样才能让自己避免被侵害，或者在自己被冒犯到的时候，也能找到好的解决方法。其四，觉得犯罪者通常会用暴力让自己就范。实际上，在真实的案例中，那些性侵害者不一定会使用暴力，有时候，他们也会利用诱骗、假装关爱等方法让女孩就范。如果女孩们能认识到这一点，就不会轻易地上当了。

积极地治愈心理创伤，也是对自我的保护

案例一：

2015年6月，湖南湘潭市一家医院的精神科接收了一名12岁女孩倩倩，她是在妈妈的陪伴下来进行心理治疗的。

原来，倩倩曾经多次遭受性侵，虽然对方因为犯强奸罪被法院判刑，但长期的折磨让她的身心遭受巨大的伤害。据了解，倩倩在9岁那年，曾经遭受过学校一位男老师的性骚扰。他经常以补课为借口将倩倩叫到自己的家中，对其进行抚摸、亲吻甚至强奸等行为。当地的相关部门了解这一案件后，对倩倩进行了心理评估及干预，评估结果为中度抑郁和焦虑。

案例二：

2014年11月，吉林松原市一名15岁的女孩白雪走进了一家心理诊所进行心理治疗。白雪曾长期被自己的继父张某性侵，因为承受着巨大的精神压力，她已经患上了极为严重的抑郁症。

　　在生活中，我们总是提醒女孩要进行自我保护，让自己免受性骚扰和猥亵的侵害。但是，如果不幸遭受到了性侵害，那对自我心理健康的关注和心理创伤的修复，也是自我保护的一项重要内容。

　　据有关统计，青春期是发生性侵害或性骚扰的高峰期，根据调查，有 35.1% 的调查对象称自己曾经遭受过性侵害或性骚扰。从调查对象所遭受性侵害的形式来看，"关于性的言语上的骚扰"是最为常见的，其次是"被他人强行亲吻或者触摸隐私部位"以及"被他人强行脱掉衣服，暴露隐私部位"。从性别上来看，女性与男性所遭受到的性骚扰比例差不多，有 35% 的女性曾遭受过性骚扰或性暴力，而男性遭受性侵的比例为 36% 左右。

　　可见，性侵害和性骚扰是青春期女性和男性都需要注意的一件事。一些女孩很不幸，成为遭遇性暴力者中的一员，就像案例中的倩倩和白雪一样，那些不堪的经历带给她们的是身心创伤。据心理学分析，未成年时期的孩子，大脑如果受到一些不可承受事件的刺激，会呈现出发育停滞与迟缓的特点。尤其是受到严重心理创伤的孩子，可能会出现一些如情感麻木、记忆丧失、人格分裂等特征。她们的外在行为模式与普通的孩子表现出的差异很大。所以，对于她们，一定要积极地予以心理疏导和治疗。

　　那么，女孩一旦遭遇性侵害，该如何去调整自己，让自己尽快从糟糕的状态中走出来呢？

1. 正视事实，以积极的姿态面对生活

女孩在遭受性侵害后，要认识到事实的存在，即承认这件事情确实已经发生了。无论再怎么厌恶、再怎么抗拒，最终的结果还是得接受，与其在抗拒中苦苦挣扎，让自己深陷负面情绪的泥潭，不如平静地接纳它。这样才能让自己尽快地走出痛苦，更快速地以崭新的姿态去面对社会和生活。

2. 稳定情绪，为负面情绪找一个合理的出口

性侵害一般是指，无论当事人双方是何种关系，以及在怎样的情况下，任何人通过强迫手段使另一方与其发生任何形式的性行为、企图发生性行为、做出令人厌恶的性暗示，其中包括强制性交、强迫亲吻、性骚扰、性虐待、露出隐私部位、窥探隐私部位等。可见，性侵害的行为是多种多样的，女孩能从施害方的言语、行为或环境中感受到不同的伤害所带来的冲击。而性侵害发生后，恐惧、愤怒、羞愧等不良情绪就会包裹受害者，此时女孩心理所承受的折磨远远要比身体上的疼痛更可怕。只有尽快将这些坏情绪宣泄，女孩内在的心理折磨才有可能减轻。

要从糟糕的负面情绪中走出来，我们也要懂得给负面情绪找一个适当的出口，不能因为别人的错误而压抑、惩罚自己。比如，可以找一个空旷的地方，用力地将内心的苦闷喊出来。或者让自己通过运动来舒缓内心的压力。我们还可以通过在安全的地方摔打软的枕头、靠枕等，将内心的痛苦发泄出来，以避免让它们对我们造成心理上的二次伤害。

3. 消除心理病患，适时做心理辅导

女孩遭受到极为严重的性侵害，要进行长期的心理健康方面的干预。就像上述案例二中的白雪，如果她的妈妈能及早察觉到问题的严重性，及早对其心理进行积极的干预并帮她寻求科学的治疗方法，那么白雪就不会患上严重的抑郁症了。女孩需要知道的是，心理治疗是一个长期的过程，并不是说，只要我们脱离心理危险期就达到目的了，因为脱离心理危险期并不意味着心理失调的消失，自卑、孤独、消沉等负面情绪的长久存在，会引发一些常见的心理疾病。对此，女孩可以请求专业人士，如心理咨询师、心理治疗师及精神科医生，通过他们的帮助来预防出现和减轻抑郁情绪、创伤后应激障碍等。

4. 形成积极正确的人生观和认识

一些女孩在遭受到性侵害后，就会觉得那是一件极不光彩的事情，而周围一些人也可能会对受过伤害的女孩指指点点，如："她就是不检点，才被人强暴的……""苍蝇不叮无缝的蛋，都是自找的"，等等。

在这样的情况下，我们如果没能形成起积极正确的价值观和认知，一定会对自己的心理产生进一步的伤害。这个时候，我们需要明白一点，自己是受害者，并没有什么错误，错的是施暴的人。不能因为别人的风言风语就全盘地否定自己或贬低自己，把自己当成坏女孩，自暴自弃，为别人的错误买单。

5. 关爱是治愈创伤的良药

在遭受性侵害后，女孩要与父母积极沟通。父母一般会给予我们更多的关爱，他们会用一些关爱的语言或行动来表达他们的关爱，只有在爱的滋养中，我们的心理问题才能得到有效的解决。

第 三 章

社会安全防范:
不被诱惑、不迷失,
保护好自己

　　社会上的危险无处不在,甚至与校园相比,社会上的危险更多、更复杂,比如在一些成人娱乐场所,其环境和人群都较复杂,存在不安全因素,青春期女孩最好不要到这些场所。另外,在社会上,一些陌生人的假意求助、烟酒和毒品的危害、网络上一些"成熟大叔"的甜言蜜语等,都可能对我们的人身安全构成威胁,女孩须掌握一些安全防范方法,以应对多变复杂的外在环境。

　　每个女孩都不希望自己遇到任何的伤害和意外,但世事难料,而我们能够做的,就是努力地提升自己的认知和辨别能力,对那些有可能对我们人身安全带来威胁的因素保持必要的警惕性。

成人娱乐场所，并不适合你

案例一：

2018 年 5 月，杭州市某中学初二女生青青应朋友赵某的邀约到市中心的酒吧玩耍，同时，赵某还邀请了另外两名男生，青青都不认识他们。而就在青青赴约后的第二天，她的妈妈就接到了女儿"跳河溺亡"的噩耗。

之后，青青的爸爸前往女儿生前待过的酒吧，通过监控视频发现，青青曾被一个男子亲吻、搂抱，她的朋友赵某也曾死死地按住青青的身子，使其被另一个男子罗某掐住脖子狠狠地打了两个耳光。另外，从警方的通报中发现，他们晚上先后去了两家酒吧，点了 20 多瓶各种各样的酒。因为在酒吧遭受过性侵，青青一时想不开，于是就选择了跳河自尽。

案例二：

2016 年 11 月，湖南衡阳市祁东县一派出所民警接到相关人员报案，说是一名 12 岁女孩周某在当地的一家 KTV 被多名男子猥亵。

原来，一周之前，周某曾跟随成年男子张某到当地的一家 KTV。在一个房间里，有几个成年男子在喝酒。周某见状，本想离开，却被一名男子拉住，这名男子对她做出了猥亵的行为……

不可否认，酒吧、KTV 等娱乐场所，有放松身心，增进社交的功能。但是，社会上一些发生在这些场所的恶性事件，也让我们感受到那里可能充斥着一些"不安全"的因素。当然，我们不能说这些娱乐场所都不好，但那里毕竟是成年人的世界。对于涉世未深的未成年女孩来说，里面鱼龙混杂，如果我们不懂得里面的"游戏规则"，一旦贸然闯入，就可能被那里的光怪陆离所吞没。另外，里面的气氛更张扬和刺激，在这样的场所中，人们的情绪很容易失控，再加上酒精的刺激，一些人很容易做出一些非理性的行为，那"危险"的系数也就高了。所以，在生活中，女孩最好不要前往这些娱乐场所，这也是对自我的一种保护。

那么，在现实生活中，女孩们该如何避开这些成人娱乐场所呢？

1. 不在意、不关注

一些女孩子进入各种成人娱乐场所的原因，是好奇或寻求刺激，但"好奇心害死猫"，一旦进去，就有可能被坏人盯上，连哄带骗把你带到里面或者诱导你消费，或对你做出一些不轨行为。

要避免这些，最简单的方法就是不在意、不关注这些娱乐场所。

遇到这种娱乐场所的活动也不去凑热闹，直接无视，这样就不会被里面的诱惑所吸引。

2. 如果有朋友约你去酒吧、KTV 等，要懂得谢绝

即便是身边熟悉的人邀请我们去酒吧玩，我们也最好谢绝。千万不要因为难为情、好面子而不好意思拒绝，置自己于危险的境地。

需要注意的是，如果熟悉的人也邀请了陌生人，那我们更应该好好考虑一番了，因为我们对陌生人一点儿也不了解，在酒吧、KTV 等娱乐场所就更不安全了。上述案例中的悲剧事件，就是给我们的警示。

打网约车时，要有自我保护的意识

案例一：

2018 年，湖南长沙市 14 岁的女孩乘网约车准备去给同学过生日。在乘车期间，女孩发现不对劲，她曾给亲友发消息称司机总是往没人的地方开，女孩也曾经向好友手机发求救短信，随后女孩手机关机。家人察觉不对劲后，立即报了警。但当警察找到并控制住凶手时，女孩已经遇害。

案例二：

2018 年 8 月 24 日，浙江乐清市一名 20 岁女孩赵某乘坐一辆网约车后失联并遇害。不久，经警方调查，嫌疑人网约车司机钟某被抓获。

随着信息和网络的发展，网约车司机骚扰、性侵、抢劫、杀害女乘客的恶性事件不时会被报道出来。之所以会发生这样残忍的事件，一方面，是因为一些网约车平台在管理上有诸多的安全漏洞，比如，平台对司机的审核不严格等；另一方面，是因为女孩与男性的身体力量悬殊，更容易成为受害者。另外，随着社会治安越来越好，很多女孩的安全意识也比较淡薄，常会因大意而成为受害者。所以，对女孩来说，安全意识要时时保持。

另外，在搭乘网约车时，我们还要注意以下几个方面。

1. 乘网约车，尽量坐后排位置

我们需要知道的是，一些性骚扰、抢劫等恶性事件中，乘客是坐在副驾驶座上的，这会使那些不怀好意的司机更容易得手。所以，我们在乘坐网约车时，要尽量避开副驾驶的位置，最好坐在副驾驶的正后方，这是打车的标准座次。因为通常车的左门不开、开右门。坐在副驾驶的正后方，一旦出现危险，成功逃跑的概率也会增加。

另外，女孩需要注意的是，上车关闭车门前要检查门锁、车窗升降是否正常。坐好后，可以尝试摇下玻璃的1/3，以方便必要时的呼救。

2. 养成上车后向父母或朋友报备的乘车习惯

女孩在上车之前，最好将对方的车牌号和车身概貌用手机拍下来，发给父母或亲友。或者在上车后给家人或朋友打电话报备你在哪辆车上、在什么地方等关键信息。

在乘车时，我们可以这样给亲人打电话："爸，我已经上车了，我从××上车的，约30分钟到达，你过来接我啊！好，我把车牌号告诉你。"你打电话的时候，要让司机听见，这样我们就可以故意问司机："师傅，您的车牌号是多少？""到时候有人来接我，麻烦您开下双闪让他们看见。"这样就能打消那些不怀好意司机的一些恶念头。

3. 乘车时，尽量别玩手机，更别睡觉

上车后，很多女孩会玩手机游戏或者看信息，甚至感觉到困了就睡觉，这是十分不好的习惯。女孩，为了自身的安全，上车后尽量不要玩手机和睡觉，而是应该时时观察司机的动态和驾驶路线，发现不对劲及时做好应对措施。

4. 不要与司机随意攀谈

有些女孩个性活泼，总爱闲聊天。而我们在乘车时，最好不要与司机随意攀谈，尤其是避免谈这类的话："我这是第一次出远门""我是××人""我来这里是做××"等。这些信息无疑给图谋不轨的人吃了一颗"定心丸"。所以，为了自身的安全，我们要时时注意自己的言行。

识别传销套路，提防各种"花式洗脑"

案例一：

2010年8月，广西13岁女孩小杨正在家写作业，忽然接到外省表姐打过来的电话，说她现在在广东某地打工，每个月赚得特别多，而且在那边的生活也很潇洒。这让成绩不好，而且几次都下定决心想要辍学打工的小杨羡慕不已。

第二天，小杨便给父母留了一张纸条，拿着自己平时攒下的零用钱只身前往广东投奔表姐。小杨被表姐带到她的住处后，感觉到不对劲。只见屋里有一群青年人，而且那些人跟疯了一样，嘴里不停地向一个穿黑色西装的男人喊："主任辛苦了，主任辛苦了。"

这个时候，小杨发现表姐早已从那个屋里离开了。这时，小杨不知所措，但因太害怕也不敢抵抗。一会儿，那位穿黑色西装的男人就吩咐两个女人，对小杨进行了搜身，并且将她身上所有的东西都掏了出来并装进一个塑料袋里，还让小杨换上了一双拖鞋。

这时，又一位成年男人走过来，恶狠狠地看着小杨，并恐吓道："这些天你最好老实一点，身边的人叫你干什么，你就干什么，如果想逃跑，有你好看的……"

小杨便被他们带着听课，他们在房间里挂了一个小黑板，说着一年赚几百万元的什么生意，时不时的，台下的人还跟着起哄鼓掌。

在接下来的几天，小杨开始不断地被各种花式洗脑，让她交钱，并且给周围的亲人打电话，各种骗钱做生意什么的……

可突然有一天，一群警察闯进屋里，通过各种取证调查后，认定这个团伙为传销组织……

案例二：

2014年9月，晓晓在高中毕业后独自前往西宁市。之后，她通过一家互联网招聘平台，被一家公司录用。事实上，那是一家隐秘的传销组织，最终，晓晓被骗上当。

一周后，晓晓的家人尝试了各种通信方式，但都联系不上她。家人曾无数次地打晓晓的手机，却始终无人接，给她发短信，也没回音。无奈之下，父母只好报了警。两周后，晓晓在一处水坑里被发现，可已经溺亡了。

青少年心智尚不够成熟，社会经验也不够丰富，世界观、人生观、价值观尚未完全建立，容易被非法传销组织洗脑，认同犯罪分子的"谬论"，以为自己找到了发财致富的快捷方法，进而加入非法传销组织。而且，有的青少年会从被害人转变为犯罪分子的帮凶，去诱骗更多的人。

传销，在我国俗称"拉人头"，是指参加者加入销售网络时，必须支付一笔高额的入门费以获得介绍他人加入的资格（或取得晋升到更高层的机会），加入者可以从其介绍的加入人员所缴付的费用中提取报酬，还可以从其下线发展的人员交纳的费用中再提取报酬，有明确的上下线关系，组成金字塔的多层次人际网络。

实际上，传销是带有欺骗性、隐蔽性、流动性和群体性特点的一种欺骗组织，它被国际社会公认为"经济邪教"，被各国政府严厉打击和依法取缔。我国政府也果断地采取了措施，对传销和变相传销进行了打击和清除。所以，在现实中，我们要提升认识能力，认清传销组织的真面目，以保证自身的安全。

具体来说，可以从以下几项防护措施着手。

1. 了解和认清传销式的洗脑方式

传销是一个通过不断给人洗脑，进而让人从事一些不法行为的过程。传销式的洗脑术利用了人性的弱点，抓住了人们的心理特点，最终将一个个陌生人变成了死心塌地的传销分子。无论是传统的线下传销模式，还是网络传销模式，洗脑过程都十分相似，我们要了解和认清传销式的洗脑方式。

2. 要能够识别带有传销、诈骗性质的公司

各种专业反诈骗、反传销的公众号，对多种新型网络诈骗，尤

其是金融传销骗局进行了揭露。然而，揭露的速度远远赶不上各类传销诈骗公司设立的速度。所以，我们要对一些带有传销、诈骗性质的公司进行识别。

3. 坚定信念，别轻易被人洗脑

人的认知往往会在不断的理论灌输和话语重复中发生改变。但是，即使误入了传销组织，也要坚定自己的信心，并想办法脱身。我们要寻求各种机会，想尽一切办法发出求救信号，但是千万不要与对方硬碰硬；否则，会给我们带来人身安全方面的伤害。

不贪小便宜：贪便宜，往往会吃大亏

案例一：

2013年6月，《广州日报》报道了这样一则消息：广西玉林市无业男子张某冒充有钱人，利用微博结识女网友，以许诺送手机和各类名牌产品为诱饵，骗得多名佛山女网友与之开房，事后还窃走女网友的财钱并扬言有不雅视频在手，向女网友敲诈勒索钱财。这些女孩之所以会被虚假的东西蒙蔽，其根源就在于一个"贪"字，因为贪婪，所以放松了警惕，放弃了原则，从而对自己的人身造成了伤害。

案例二：

2021年2月，广州市一名9岁的女孩小彤在玩手机时看到一个链接，点进去下载后是一个语音聊天交友平台。小彤在语音上跟一个网友进行聊天，对方说要送小彤一个礼物，并让小彤给他发红包。

小彤很好奇，便添加了对方的微信，对方将小彤拉进一个微信群让其在群里发红包。在对方的指示下，小彤拿着爸爸的手机在群里发红包，等发不出红包了，便被对方拉黑。

原来，从2021年1月开始，卢某通过该语音聊天平台，以与未成年人交友送游戏皮肤的方式，实施电信网络诈骗。

2021年2月1日，被告人卢某通过上述方式骗得被害人小彤通过微信、支付宝发出的红包共计12781元。

案例三：

2020年8月，江西抚州市的一位12岁女孩小乐，在微信上收到一个人的添加朋友申请，申请说明是：网络刷单，每天轻松入300元。小乐心想，眼下正值假期，在家闲着也是无聊，在网上赚点零花钱也不错。

于是，小乐便毫不犹豫地添加了对方的微信，询问对方具体操作方法，对方让小乐先下一个手机App，并让她按照自己的提示操作。小乐下载后，就按照对方的要求注册了个人账户，还绑定了妈妈的一张银行卡。随后，对方表示，要先在该App平台上接取任务，等任务完成之后就可以赚取收益了，按照每单接取任务的大小额度来抽取提成，提成收益为2%。

对方还强调，这不算是刷单，是通过平台帮助商户店铺提升销售流水，所以要先在注册平台存入一定接取任务的资金，通过商户派发任务，系统匹配的形式派发。当你完成任务后，相应的任务金以及提成会一起返回收款账户。

于是，小乐就向银行账户里存入了 500 元，开始抢购衣服、鞋子等商品。5 分钟后，本金和收益金真的退回来了。这让小乐很是开心，她马上又开始抢购新商品，这次她想多赚点儿，于是偷偷拿妈妈的手机向这个银行账户转了 2 万元钱，然后全部都投了进去。谁知，这次的金额却没返回来，而当她再询问对方时，却发现对方已经拉黑了她。

小乐这才意识到自己被骗了，她赶紧告诉妈妈，妈妈马上报了警……

一些悲剧的酿成，是因为人的贪婪。俗话说"贪小便宜，往往会吃大亏"，一个人如若只看到眼前的小利，便盲目地相信陌生人，并且盲目地按照他人的要求投入时间和金钱，结果只会因小失大，落得个上当受骗的结局。

在现实生活中，许多骗子都抓住了女孩涉世未深、容易轻信他人的特点，施以各种小恩小惠来骗取女孩的信任。殊不知，天下从来没有免费的午餐，天上也不会白白掉下馅饼，对方抛出的"小恩小惠"只是引诱我们上当的诱饵，我们切不可轻易相信别人，尤其是网络上的陌生人，只有不贪占小便宜，才不会轻易上当。

那在生活中，女孩要避免自己被骗，还要注意哪些方面呢？

1. 骗子的行骗套路

在生活中，很多骗子会通过一些小恩小惠，让你先尝到甜头，再一步步地引诱你上当。比如，他们让你先交一部分钱，然后对方进行一番操作后，再连本带息返还给你。刚开始对方为了"放长线钓大鱼"，可能会连本带息一起返给你，目的是让你看到好处，继续投入更多的本金。而当你的本金投入很多后，对方就会突然消失，带着你的本钱和返利一并"跑路"。

还有一种情况是，对方会先让你交付一部分货款或押金，购买一部分产品，要求你做校园推广，之后再将货款或押金一并退给你。对方让你推广的产品通常都是一些假冒伪劣产品，甚至有些人拿到你的货款和押金后就消失了，根本不会给你任何产品。所以，如果有人要你先交钱再返利，或者先交货款、押金等，一定要当心，不要轻易相信对方，以免上当受骗。

2. 网上兼职加盟费

有些网站为了骗钱，会不断地在网络上宣传他们的加盟费多低、利润多高、产品多么好等，以吸引人前来加盟。一些女孩看到这些，很容易心动，在上面偷偷交纳费用。然而，一些网站一旦发现有人上当，就开始利用各种名目收费，如宣传费、产品包装费等。有些女孩为了将之前交的钱收回来，只好按照对方的要求不断地充值，结果被骗的钱越来越多，最后血本无归。

3. 免费试用或低价试用

我们在外出时，经常会看到一些美容、美发等机构，打着"免费试用""免费体验"等宣传语吸引顾客。有些女孩出于爱美之心，可能会进去试用，然而在试用的过程中，就会有专门的销售人员过来"忽悠"女孩，让她们购买产品或服务，然后，女孩在虚荣心的作用下，便会轻易掉进陷阱中。所以，在生活中，女孩一定要时刻保持清醒，不要贪心，不要爱慕虚荣，更不要轻易地被对方的一些好话或者恭维所迷惑，稀里糊涂上了当还不自知，最终付出巨大的代价。

防范小偷和窃贼，别成为偷窃者的目标

案例一：

2018 年 6 月，湖南长沙市一名 20 岁独居女孩小姗，晚上回到家发现家里进窃贼了。家里的东西不仅被翻得乱七八糟，而且贵重的东西全部被拿走了。

原来，小姗有经常忘记带钥匙的习惯，所以会随手将钥匙放在一个自己认为隐蔽的地方，这就给了窃贼以可乘之机。最终，尽管小姗报了警，但是这一次经历让她的精神受到了打击，那一段时间，她经常精神恍惚，总觉得家里有其他人。

案例二：

学校放暑假，13 岁的小莉在外地念书，因为爸爸妈妈每天在忙生意，所以她打算一个人坐火车回家。她手推行李箱在进站口排队，人非常多。小莉发现自己的身后有一名男子紧紧地贴着自己，刚开始她也没怎么在意。

后来，小莉感觉越来越不对劲，她用余光看了一眼那名男子，发现他用一只手提着包打掩护，另一只手在口袋外，手里还拿着小莉的手机。小莉确定了他是小偷后，便大喊起来，周围的好心人帮忙将这个小偷抓住，小偷最终被警务人员带走了。

确保自己的财务安全，也是自我安全保护中的一项重要内容，女孩们要多多注意。案例一中女孩的经历也给我们以警示：在进出门时，要格外留意，时刻记得锁好门窗。在遇到危险情况时，首先要保持冷静，确保自身的安全，并选择时机报警求助。另外，我们在一些人多的场合，也要当心，不要将手机、钱包或卡包等贵重物品放在衣服的外侧，这样很容易被小偷盯上。在一些公共场合，反扒民警一再提醒：火车站盗窃有七成是发生在瞬间。有的小偷擅长"角色扮演"，如扮作乞讨者伺机扒窃。有的使用环保袋、雨伞和报纸等道具做掩护进行盗窃。有的是团队作案，故意在人多的场所制造周围拥挤的假象，伺机作案。因此，在一些人多的场合，我们一定要注意自己的贵重物品，以防给自己带来损失。

要预防被盗窃，我们该如何去做呢？

1. 学会识别小偷或者窃贼

在现实中，我们可以通过神色、动作等方面进行识别。比如，小偷的神色与常人不同，他们的眼睛总是注视着别人的衣兜、背包，因神情比较紧张，往往两眼发直、发呆等。在动作方面，在车上作案时，小偷一般会借车体晃动或者拥挤的机会，紧贴被盗的对象，用他人或者同伙做掩护，或用自己的胳膊、衣服、提包等遮住被盗对象的视线，得手后，会立即逃离现场。有的小偷如若发现被"盯"上，便做一个"八"字手势或者摸一下上唇胡须，暗示同伙停止作案。

2. 重点防范身上的这些部位

上车刷卡、掏钱包、单手持手机、掀帘子、接物品，做这些动作时人们总是习惯性地使用右手，小偷往往就是利用人们的这些习惯性动作下手的。因此，上衣的口袋最容易被小偷盯上，我们的贵重物品如手机、钱包等要尽量放在衣服的内袋里。

3. 将手机放在安全的地方

现在许多人出门都不带现金，经常会使用手机支付，因此我们出门时要把手机放在安全的地方。以下几种情况要避免：手机放在外衣的口袋里，边听音乐边忙别的事情；手机上悬挂各种夸张的挂件，挂件露在口袋外；手机放在餐馆的桌子上，因为小偷会拍我们的肩膀，在回头的时候，手机很容易被偷。

4. 在这些地方要提高警惕

公交、地铁、火车站、医院、商场、自动取款机旁等都是小偷经常活动的地方。比如，小偷会在地铁关门的瞬间立即将手机抽走，然后冲下车。下车刷卡时，小偷会趁机下手。在医院的挂号缴费处、

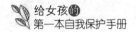

排队等候区也很容易被偷。因此，在这些场所，我们要看管好自己的背包、斜挎包等。背包的拉链一侧应该朝内放，小包应该斜挎，并放在身体的前面。

巧妙地应对跟踪、劫持和绑架

案例一：

2011 年 3 月的一个凌晨，福建莆田市女孩小玲因为在网吧打游戏入了迷，所以一时忘记了时间，不知不觉已经到了深夜。当她感觉有困意时，已凌晨一点多。这时她才从网吧出来，准备回租住地休息。

可让小玲未曾想到的是，就在她回家的路上，却发生了一件令她惊恐的事情。小玲当天回家走的街道是当地的一条主干道，白天很繁华，她根本没有注意到身后的情况。原来，她在路上的时候，早已被人尾随跟踪了。就在小玲要拐弯时，突然从她身后冲过来一辆红色的车，挡在她的前面。随后，几名抢劫者上前将她身上的手机、手表、金项链，现金、银行卡等东西抢走。在这期间，尽管小玲撕心裂肺地叫喊，可当时已经太晚了，四周根本没有人。

小玲的嘶喊和反抗，激起了那些歹徒的邪欲，他们将小玲拖入附近的小花园里，侵犯了她。

最后，等民警赶到的时候，小玲不仅表情惊慌，而且精神恍惚。

案例二：

2017年11月的一个早晨，福建厦门市初中二年级学生小方像往常一样步行去上学。当她走到路边的一个公厕旁边时，忽然，从公厕里窜出来一个人，一下子就将小方拖拉到了公厕中，并且还捂住小方的嘴，准备要对她实施侵犯。

小方急忙挣扎，并且表示要说话。男人掐着小方的脖子，松开了她的嘴，恶狠狠地说："你若敢叫，我就掐死你！"

小方赶紧说："叔叔，我不叫，不会叫，但是你别伤害我，我给你钱，给你钱行不行？"

"我不要钱！"男人说完，就开始扯小方的衣服。

小方又说道："叔叔、叔叔……这里太脏了，我们能不能换个地方。现在是早上，一会儿就会有人过来上厕所，会发现我们的。我们出去，我保证不叫……"

就这样，小方一边拖延时间，一边盼着赶紧有人来。就在这时，真的有人来上厕所了，小方立即大叫起来。男人听罢，一把推开小方，仓皇逃跑了。

之后，小方立即打电话报警，根据附近的监控和小方提供的这个男性的特征，几天后，劫持小方的沈某就被抓获了。

当我们遇到坏人，被坏人跟踪、劫持或绑架时，该如何应对？该不该呼救呢？案例中，小玲和小方的做法或许能给我们一些启示。

通常情况下，如果你周围没有人，一旦你大声地呼救，不但不能引起周围人的注意，反而还可能会激怒犯罪分子，最后受到更为严重的伤害。即使周围有人，或者你已经听到附近有脚步声，也要分清场合，有的场合呼救可能只是白费力气，有的场合则可能大有效用。

那么，女孩在遇到坏人时，哪些场合该呼救，哪些场合要慎重呼救呢？我们结合多个案例的经验和教训，总结了"三喊""三慎喊"的原则。其中，"三喊"指的是三种情况下你可以呼救，"三慎喊"就是在三种情况下要慎重呼救。

那么，什么是"三喊"和"三慎喊"呢？

1. "三喊"

其一，当你的身边有异性朋友或同学时，可以大声地呼救，以此引起他们的注意，让他们用最快的速度来帮你脱离危险。

其二，当你发现周围有保安、警察等经过时，可以大声地呼救，他们一定会出手相救。

其三，当你在街道繁华的地段被困住时，你也可以大声地呼救。这些地段活动的人较多，只要有人听见，就一定有人出手相救。而且坏人通常也不敢在人多的地方对你做出一些伤害行为，只要有人发现，他们一定会想办法尽快地逃走。

2. "三慎喊"

为了引起他人的注意，对我们实施解救，我们需要找准合适的时机大声地呼救。但是，有些情况下就要慎重地喊叫、呼救；否则，不仅无济于事，还可能给我们带来更大的伤害。

哪三种情况下要慎重呼救呢？

首先，你感到极为危险时，不要轻易呼救，因为此时犯罪分子正处于高度紧张的状态，随时可能会对你做出侵害的行为。而你一旦大声地呼喊起来，就极有可能会刺激到对方，使对方想尽一切办法捂住你的嘴，让你停止喊叫。如果对方用力过大，就可能会导致你窒息。这对于女孩来说，无疑是非常危险的一件事情。

其次，在周围无人时也不要随意叫喊，因为就算你此时喊破喉咙，别人也听不到；相反，你的喊叫还会激怒犯罪分子，让对方因为紧张、害怕而对你采取更为极端的方式，如堵嘴、扼喉等。哪怕原本只想劫财、劫色，没想要你命的犯罪分子，也可能因为过度恐惧而做出失控的事情来，这显然是极其危险的。

最后，在该吃饭或者睡觉时不要大喊大叫。有些女孩一被劫持、绑架，就寝食难安，这是不对的。即便你被劫持、绑架或者拐骗，如果不能一时逃脱，也要正常吃饭、睡觉，让自己保持充足的体力，寻求逃脱的机会。相反，如果你在该吃饭或者睡觉的时候大喊大叫，就容易激怒犯罪分子，他们可能会制止你，还可能把你的嘴巴堵住，甚至直接打晕你，让你失去更多求救的机会。

由此可见，大声呼救虽然可能会让我们得救，但也可能给我们带来更大的危险。所以，遇到坏人，一定要让自己保持冷静，不能硬碰硬，做一些无谓的挣扎；要寻求合适的机会，就算忍辱负重，舍弃财物或其他的东西，也要先保住生命。同时，我们还要尽量记下对方的外貌特征，并尽可能地与对方周旋，寻找一切机会逃脱或者寻求帮助。

离家出走，是不明智的行为

案例一：

2018 年 7 月的一个晚上，武汉市一名 13 岁女孩小彭与母亲争吵后，离家出走。之后，父母心急如焚，不仅报了警，还联系了武汉当地一家知名媒体报道跟进此事，几天内就收到了市民提供的各种线索。

原来，小彭出走后曾在武汉的一座桥上徘徊，当时的她没带任何证件，也没带钱就出门了。直到几天后，传来噩耗，小彭被人侵犯并且杀害。

案例二：

2014 年 8 月，在山东东营市广饶县，还在上小学的 12 岁女孩小蕙因为与父母发生争吵，一气之下离家出走。当时身无分文的她一个人走在路上，也不知道去哪里。突然，后面一辆骑电动车的成年男子王某在她身边停下，询问她为何一个人。

女孩说出了自己离家的原因。王某对她心生"同情"，说可以给她提供住处，小蕙便跟着王某进了他的家。然而，这个"好心人"并非像女孩想象中的那样，王某借提供住处之机，对小蕙实施了侵犯。

当小蕙的家长终于找到女孩时，还以为女儿是遇见了一个好人，没有流浪街头。但他们得知女儿与王某之间的事后，感到愤怒和难过，立马向警方报了案。随后，王某被刑事拘留。

小蕙回到家后，便陷入了深度的抑郁。

以上的两个悲剧性事件给女孩们以警示：在遇到不顺心的事情时，要冷静，不可因为一时的赌气而离家出走，这会给你的人身安全带来威胁。青春期女孩，在学校或者家中难免会遭遇不顺心的事情，比如学习压力大、跟同学闹矛盾、考试成绩不理想、早恋被父母干涉等，由于年龄小、阅历不足，并且处于这个时期的女孩极为敏感，一旦遭遇他人的否定，就会难以承受、无法面对，也极难理智地处理。在这些压力下，一些女孩会选择离家出走，逃避眼前的烦恼。

但是，离家出走并不是明智的选择。女孩作为弱势者，如果一个人单独出走，很容易被一些心怀不轨的人盯上，并进行迫害，比如诱拐、抢劫、绑架、性侵甚至杀害等。

2017年2月，贵州一名13岁的女孩因为与家人发生矛盾选择离家出走，从贵州辗转广西最终到达河南，一走就走了近2000千米。

在这期间，女孩还认识了一位"好心的大姐"，她看到女孩孤身一人，便想将她带到深山里的亲戚家另作打算。

可当地的民警接到女孩父母的报警后，迅速赶到服务区截停了女孩和那位大姐乘坐的大巴，并将其带回派出所。随后，女孩父母赶来将其接回。

现实生活中，并不是所有的女孩都有上述案例中的女孩的运气。要避免这些伤害的发生，女孩在遇到不顺心时，就要寻求恰当的方法来调整自己的状态和情绪。

具体来说，可以从以下几个方面来努力。

1. 及时给坏情绪找一个倾诉的出口

女孩在遇到不顺心的事情时，可能很想以逃避的方式来解决，但是逃避永远不是解决问题的有效方法。只有积极地面对，寻求正确的方法去调节自己的情绪，才能让自己慢慢走出困境。所以，在遇到问题时，我们不妨向亲近的朋友、亲戚、同学等人倾诉，或许他们的一句劝慰的话就能让你豁然开朗。与此同时，这种倾诉方式也让你的不良情绪找到了一个宣泄的出口，而不至于使你过于压抑，做出不理智的事情来。

所以，生活中女孩也要多去结交一些乐观、自信、开朗的朋友，这样在向他们倾诉时，他们才能给予一些有益的建议或者帮助。不要向一些认识不久的网友、社会上的陌生人倾诉，以免被别有用心之人蛊惑，走上歪路。

2. 做个勇敢、乐观的女孩

如果有一天你学业有成，步入社会，你会发现，自己在青春期所遇到的问题根本就不值一提，更不值得你负气离家。所以，在青春时期面对一些困难时，我们要做的就是积极想办法解决问题，让自己变得勇敢、乐观，尽快地成熟起来。无论是在学习上还是在生活中，遇到问题和困难都是难免的，每个人的一生都不可能一帆风顺，只有积极、乐观地面对，才能拨开层层迷雾，寻找到光明的未来。

3. 平时与父母多沟通、交流，听取他们的人生建议

身为过来人，父母的人生经验和阅历要比我们丰富得多。虽然他们有时可能有些唠叨，对你要求严格，但他们的这些唠叨和对你的约束中，都包含了满满的爱。如果你因为一丁点儿事就选择离家出走，这种极端的处理方式，势必会给父母带来深深的伤痛与失望。

所以，遇到问题时，不妨多与父母进行沟通和交流，对他们敞开心扉，在一些问题上听听他们的建议或意见。如果实在是心情烦躁，可以让父母陪我们一起出去散散心，缓解压抑的情绪。在这个过程中，我们不仅能与父母的关系更为亲密，还能与父母一起想办法，解决眼前的困难，渡过难关。

每句甜言蜜语，都在暗中标好了价格

案例一：

2016 年，湖北咸宁市 14 岁女孩小墨在网上认识了昆明的男孩张某，两人在网上聊得十分投机。小墨自小就患有皮肤病，跟着父母在外打工，顺便接受治疗，但治疗很久都没见效。小墨在网上认识张某后，便聊起了自己的疾病。张某便称自己父母在医院工作，他愿意帮小墨联系相关的医生进行治疗。小墨听了深受感动，便买了到昆明的车票。

可等次日小墨到达昆明后，张某便安排她住进一家旅馆，以帮小墨买衣服为由拿走了她的银行卡，并从中取了近 2000 元。次日中午，张某告诉小墨，他的父亲因为帮他办事给人送礼而被捕入狱，现在需要 1 万元的保释金，让小墨往家里打电话给自己筹钱。小墨相信了张某的话，给妈妈打电话，却遭到拒绝。

张某得知得不到钱后，立即性情大变，将小墨按倒在床，并将她绑了起来，然后用封口胶封住她的嘴，并持刀逼小墨说出自己的手机密码。在得到小墨的手机密码后，张某就用小墨的手机给她爸爸发短信：小默在外地出了车祸，现在亟须抢救住院，马上汇1万元过来，8000元也行，半个小时不到账就救不了了。

收到短信的小墨爸爸吓坏了，立即拨打女儿的电话。张某接到电话后说："小墨现在已经被我控制，如果不汇8000元过来，我就把她杀掉。"小墨爸爸立即报警。警方也拨打了小墨的电话，但电话一直处于"空号"状态，小墨爸爸只能通过发短信来拖延对方时间。

此时，小墨被关进旅馆的衣柜里，并被威胁不能出声。张某安排人在房间里看守。接着，张某离开了房间。两个小时后，小墨听到有女人说话的声音，觉得好像没人在看守她，便撞开衣柜门，跑到房门处向外求救。

五六分钟后，旅馆里的服务员听到求救声，打开房门救出小墨，并报警。当地民警赶到现场调查发现，张某在入住旅馆时并没有进行任何登记，该旅馆也没有监控设备。

最终，小墨获救，张某被警方逮捕。

案例二：

2018年3月，就读于河南开封市某学校的13岁女学生晓钰突然离家出走。临走时，她给妈妈发信息说要去很远的地方，让父母不要惦记她，随后便关了手机。母亲袁女士得知孩子离家出走、远奔他乡后，六神无主，焦急万分，便在当地报了警。

由于晓钰离开了河南开封，当地警方查找无果。

袁女士通过女儿同学了解到，女儿很可能跟网友去了河北石家庄。

原来，半年之前，晓钰与河北网友张某因网络游戏认识后，开始用 QQ 聊天。张某比晓钰大 5 岁，在网络中体贴关心晓钰，受到网络虚拟情感的诱惑，两人感情迅速升温。后来，张某提出到开封见面。

两人见面后张某频献殷勤，以请晓钰吃饭、买手机为诱惑，晓钰被突如其来的"美好情感"搞得晕头转向，随后决定远走他乡跟随张某去了石家庄。由于花钱大手大脚，几天时间两人就没钱花了，晓钰开始想办法借钱。她发短信给妈妈说，自己急需用钱，希望她能汇 1000 元过来。后来，袁女士就根据这条信息，求助于当地民警，最终成功联系上了晓钰。

在交谈中，民警得知晓钰离家出走的真实原因：父母忙于工作，平时沟通较少，母亲比较专制，凡事都替晓钰做主。而网友张某在网络世界里"比较体贴"，对她百依百顺，晓钰觉得即使跟着张某吃苦也很幸福。实际上，身为未成年人的晓钰，是被网友的甜言蜜语所蛊惑，才做出如此荒唐的事来。

多数未成年女孩都是因为听信了他人甜言蜜语而将自己置于危险境地，最终付出了巨大的代价。殊不知，他人的每一句甜言蜜语，都在暗中标好了价格。上述案例中的两位男性用甜言蜜语欺骗未成年女孩的确可恶，但同时，女孩们也应该反思一下自己，那么多女孩，为什么偏偏自己上了对方的当呢？

归根结底，这恐怕就是因为难以抵挡各种诱惑。多数女孩，尤其是进入青春期后，既对成年的异性感到好奇，又涉世未深，难以分辨真假好坏，一旦有一位成熟、温柔又多金的男子出现在自己身边，对自己嘘寒问暖，便很容易会动心。如果对方再给女孩适当花点儿钱，给予一点物质上的诱惑，那么，一些心志不坚定的女孩就会彻底沦陷。

而沦陷的结果是什么呢？上述案例中的两名女孩的遭遇就是镜鉴。在美好的年华里，我们本来可以用充足的时间去学习、去增长知识和见识、去开阔自己的视野，却轻而易举地就被这些心怀不轨的人用几句花言巧语和少许金钱所欺骗，真是一件可悲的事情。

那么，在现实生活中，女孩如何才能够避免被社会上一些不怀好意的人欺骗呢？

1. 对在社交软件上结识的人，切勿轻易相信

女孩在进入青春期后，身体逐渐发育，开始对异性产生好感。再加上学习压力大，她们很容易出现敏感、叛逆、烦躁等不良情绪。在这些情绪的影响下，女孩渴望被重视、被理解，渴望有人听到自己内心的诉求。而很多成年异性就是抓住了女孩的这种心理，在各种社交软件上广泛地撒网，一旦有女孩上钩，就会对她们说出各种哄骗性的甜言蜜语，呵护备至，使这些涉世未深的女孩一下子便体会到"知音"的感觉，也容易在心理上对对方产生依赖，接着便会不自觉地按照对方的要求去做。

　　所以，女孩要想避免被哄骗、被伤害，就要尽量避免在一些社交软件上交朋友，更不要轻易相信对方，按照对方的建议或意见去行动。要知道，网络的对面都是陌生人，你永远不知道和你亲亲热热聊天的人是什么样的。尤其是现在的社交软件众多，如果毫无顾虑地对上面的"朋友"倾诉你的心声，吐露感情，甚至对自身的隐私和盘托出，很容易会被对方欺骗和利用。

　　实际上，我们在现实生活中也可以建立自己的朋友圈，交到很多有益的朋友，他们也能在你遇到困难或者心情不好的时候给予帮助，给你鼓励和安慰，而且是更为实在的帮助。

2. 时刻保持头脑清醒

　　生活中，多数女孩受到伤害，都是因为被各种诱惑所吸引，他人给自己一丁点儿好处，便相信对方，并被对方牵着鼻子走，上述案件中的两位受害女孩皆是如此。所以，女孩要避免被人伤害，就要清楚地知道，天下没有免费的午餐，网络对面的他人跟你并不熟，并不会对你好。他们对你的甜言蜜语、给你发的红包等，都在暗中标好了价格。就算你们在线下见过面，他请你吃过饭，给你买过衣服，我们也不要被这些小恩小惠所感动。要知道，社会中的许多居心叵测的坏人，正是抓住了女孩的这些心理，给你点小感动和小浪漫，让你上圈套。

　　女孩们在任何时候都要保持头脑清醒，天上从来不会掉馅饼，"知音"和"真命天子"没那么容易找到。控制好自己的欲望，不贪小便宜，不因一些小恩小惠而迷失自己，多用知识丰富自己的内心，才能让自己获得更为光明的未来。

第四章

校园安全：
学校不是"避风港"，
潜在危险要警惕

对于绝大多数的女孩来说，最容易让我们放松安全警惕的地方就是校园。因为在多数人看来，校园里有纪律的约束、老师的管教，同时学校里的学生也大多较为单纯，对我们的安全造不成多大的伤害。然而，事实却并非如此，在新闻报道中，发生在校园中的恶性事件并不少。校园暴力、"校园贷"的陷阱等，时刻都有可能发生在女孩身上。所以，女孩决不能简单地将校园当成是"避风港"，而是要时刻警惕校园内部暗藏的危险因素，保护好自身的安全。

遭到同学殴打，要及时反映

案例再现

　　2017年，在某县城的初中女生宿舍，初中一年级学生小梅遭到了几名女生的暴力殴打。当时的小梅并没有还手的能力，而且她还被威胁，如果她将此事告诉家长或老师，还会再次遭受殴打。事后，因为害怕，她并没有将这件事告诉别人。

　　但经过一段时间的挣扎和自我鼓励，小梅鼓起勇气跟爸爸妈妈和老师说出自己被同学欺凌这件事。因为她知道有第一次被打，就有第二次和第三次。她将情况及时地告诉了大人，那些欺凌她的人很快受到了应有的处罚。

　　实际上，打开各新闻媒体平台，我们能看到许多与校园暴力相关的新闻，可怕的是，这些新闻发生的时间间隔都很短。校园暴力通常指一人或多人向单独的个体所实施的语言、身体攻击性行为或者暴力事件。校园暴力主要包括谩骂、殴打、抢劫、性侵等。无论是哪种暴力，都会给女孩的身心造成伤害，严重的还可能导致被害方身心永久的伤痛。

通过对很多现实案例的分析发现，女孩在遭受到校园暴力后，会选择沉默的主要原因有两个：一是分不清楚自身的处境，尤其是对一些语言暴力和冷暴力，很多女孩无法分辨，反而会认为自己做得不够好，或者是自己的某些行为"得罪"了其他人；二是怕自己的反抗会招来更多的暴力反击。

其实，女孩要明白的一点是，在遭受校园暴力时，你越是选择沉默，遭受的暴力可能会越严重。我们要树立自我保护的意识，勇敢地对暴力说"不"，并懂得用自己的智慧，向父母、老师或者警察求助，以更好地保护自己。

那么，在生活中，女孩在面对校园暴力时，该如何做好自我防护呢？

1. 面对非肢体上的暴力伤害

在校园中，面对某些非肢体性的伤害，比如受到同学语言上的攻击、排挤和冷落等，我们要懂得控制自己的情绪，不要因为一时的冲动，造成肢体上的冲突。比如，在学校里，有的同学嘲笑你，给你取恶意的外号时，我们要尽量保持冷静，不要采取极端方法与对方发生肢体冲突等。最好的做法是，将此事告诉老师或爸爸妈妈，让大家与你一起解决。

2. 面对肢体上的暴力伤害

在平时，女孩要敢于对暴力说"不"，要敢于反抗，不能一味地忍让，这样只会让对方变本加厉、肆无忌惮地对你施暴。我们在遭受到殴打、身体上的侵害时，建议女孩不要像施暴者一样用暴力去反击，当然，这并不是要求我们忍气吞声，而是要避免采取与侵害者一样的暴力行为。女孩可以动用智慧，运用有策略的谈话让自己摆脱困境，注意不要去激怒对方。

3. 懂得及时向他人求助

一旦遇到校园暴力的伤害，一定要告诉老师、家长或警察。即便是面临他人的威胁，比如施暴者威胁我们不要告诉父母或老师，否则就会将你的照片，或涉及个人隐私的视频传到网上去，也要如实将情况说出来。比如，你也可以用写字条、让别的同学帮你转述等方式。只有让施暴者受到应有的惩罚，才能从根本上解决问题。

不参与同学间的打架斗殴等暴力事件

案例再现

郑波、李翔、刘涛与张妍都是广西柳州一所小学的五年级的同学。2012年7月，一天下午放学后，按照班级的值日规划表，该张妍打扫卫生了。但是张妍并没有去打扫卫生，这引起了班长郑波的不满。之后，郑波在与张妍交流的过程中说脏话，两人发生了口角。张妍很不服气，她在经过郑波的座位时在他的背部推了一下，引发了两人的推搡厮打。一旁的李翔和刘涛见状，也参与到殴打中。最终造成张妍头部重伤，后经救治无效身亡。案发当日，郑波和李翔先后被警方拘捕，刘涛在亲属的陪同下到公安局投案自首。

2013年4月，江西玉山某中学，一名身穿校服的女孩被几名女生狂扇耳光，并被逼迫下跪……

女孩，当你看了上述的校园暴力事件，有何感想呢？也许你觉得这种事距离自己很遥远，而且自己根本不会参与这类暴力事件。事实上，这类事件屡见不鲜，已经演化为一个社会问题，不仅严重地干扰了校园的正常秩序，还直接危害学生的身心健康和生命安全，甚至可能造成受害者心灵的扭曲，从而使其道德缺失、诚信度下降、身心畸形发展。

事实上，校园暴力事件有很多都发生在女生之间，女生有可能是霸凌者、旁观者，也可能是受害者。那么，女生间为何会出现这种暴力霸凌事件呢？一方面，随着青春期的到来，女孩的身心发育不平衡，有些女孩情绪极易激动，再加上法律意识淡薄，很容易会因为一句玩笑、一个眼神、一句讽刺的话等"点炸"情绪，继而引发暴力事件。另一方面，青春期女生对异性的好感度增加，同时她们在情感方面又缺乏正确的认识，很容易因为情感问题而引发暴力事件。另外，学校对学生的安全、心理方面的教育欠缺，也容易让女孩通过参与暴力事件来发泄自身的情绪。总之，无论是哪方面的原因引发的校园暴力事件，对于女孩身心健康的影响都是巨大的。无论是施暴的一方，还是旁观者，甚至是被施暴的一方，都会在这类事件中遭受身心的伤害。

那么，女孩在面对校园暴力事件时，应该如何做呢？

1. 严格约束自己，不要成为施暴者

女孩，我们要懂得，暴力行为不仅会给他人造成严重的身心创伤，同时还会触犯法律，是会受到法律的制裁的。所以，我们要严格约束自己，控制好自己的情绪，不轻易与人发生肢体上的

冲突。如果与同学有矛盾，可以找老师、家长，让他们帮你们解决。

2. 不做暴力事件的旁观者

面对暴力事件，有的女孩可能会说："我只是看看，又没参与！"殊不知，正是因为你的沉默和冷漠，才让校园霸凌事件不断发生。

对他人的悲惨遭遇的围观，本就是麻木不仁、冷漠的表现，如果你再跟着起哄甚至嘲讽，那跟施暴者又有什么不同呢？换位思考一下，如果你是受害者，别人对你的遭遇冷眼旁观，你又会有怎样的感受呢？身为受伤者，他们遭受的不仅仅是身体上的痛苦，还有内心的痛苦。这也是很多被霸凌者仇恨社会和产生厌世心理的主要原因。所以，当你遇到暴力事件，最好的做法是，在保证自身安全的前提下，尽力去规劝施暴者。当然，当你也遭到施暴者诸如"别管闲事""你是不是也想挨打"等的威胁时，更要谨慎。你可以先了解一下情况，然后去寻求老师或其他成年人的帮助，阻拦霸凌的发生。同时，也要懂得运用自己的智慧，用更安全、更理性的方法来帮助受害者摆脱暴力的侵害。

被他人索要钱财、礼物时，要勇敢说"不"

案例再现

形形和晓涵是河北一个县城的小学四年级学生，在班级里，形形经常欺侮晓涵。有时候，是语言上的辱骂和攻击；有时候，形形还会对晓涵施以暴力，比如在放学回家的路上对她进行殴打。2018年10月至2019年6月，形形分别向晓涵索要200元、60元、300元、50元、30元。另外，形形还让晓涵到学校附近的商店给自己购买零食、笔和本子等物品，形形还在自己生日当天向晓涵索要价值126元的玩具礼物。

直到放暑假前，妈妈才听说，晓涵在学校长期受欺侮，被同学辱骂、殴打、索要钱财和礼物等。晓涵胆小，回到家里也不敢跟家长说，最后在妈妈的悉心教导下，她才说出了所有的事情。之后，妈妈带着晓涵去公安局报了案。

随着社会经济的发展，现在孩子手里都有不少的零花钱。但是因为他们涉世未深，对财物安全的防御性较弱，再加上他们也极容易被恐吓住，很容易被人勒索。出于恐惧心理，他们通常不敢将被人勒索的事情告诉父母或老师，更不会去报警，尤其是当被人用语言或行为暴力恶狠狠地吓唬时，基本上就乖乖地听从了。

还有一些女孩总是抱有侥幸心理，认为只要给对方一次钱，以后也许就不会再要了。其实，对于勒索者而言，一次轻易的得手，很容易助长他们的贪婪心理，尤其是长时间没受到应有的惩罚，会让他们变得更狂妄，进而频繁地索要钱财。

那么，生活中，遇到被人勒索钱财的事件，女孩们应该怎样去实施自我保护措施呢？

1. 不要与勒索者硬碰硬。女孩，在任何时候我们都要牢记：自己的人身安全是最重要的。在遇到他人勒索时，首先不要硬碰硬，或者直接强硬地拒绝，这容易激怒对方，有可能对你的人身造成伤害。聪明的做法是，告诉对方目前自己身上没有钱，要等父母给了钱后才能给对方。如果实在没办法推脱，那就先把钱给对方，然后再找机会将情况报告给父母或老师。

2. 被勒索后，别抱有侥幸心理，想着"就这一次，也没有多少钱，还是算了"。要知道，你这样只会助长勒索者的贪婪和张狂，他们对你的勒索会变本加厉。所以，我们在第一次遭到勒索时，就要将情况及时地反映给父母或者老师，这样才能保护好自己。

3. 在学校，女孩一定要注意，不要在同学面前炫耀自己的钱财，更不要花钱大手大脚，这样很容易引起勒索者的注意，让自己成为勒索者的目标。

与男生相处时，要大方得体、有分寸

案例再现

新的学期开始了，11岁的颖颖和小轩又分到了一个班。颖颖是个活泼、开朗的女孩，平时总是喜欢和班级里的男生打打闹闹，大家都觉得她像个"假小子"。她和小轩的关系很要好，整天待在一起，还时不时地会挨肩搭背。

有一天，班里的女孩刘涵悄悄地跟颖颖说："你和小轩太亲密了，大家都以为你们……"她边说边露出神秘的笑。颖颖的脸一下子就红了。当天回家后，颖颖问妈妈："同学们都说我和小轩是一对，可我们有好几年都在同一个班级，和他关系好一些，这有错吗？"妈妈告诉颖颖，她这个年纪，在和男同学相处时，应该把握好分寸，要保持一定的距离。

女孩，我们要知道，男生和女生有性别上的不同，和男同学保持良好的关系是必要的，但是一定要把握好分寸，保持一定的距离。

否则，有可能会让其他同学觉得你是个随便的女孩，很容易为自己招来身体上的侵害。尤其是处于青春期的女孩，身体和心理都处于发育的敏感期，和男同学不注意说话或行为的分寸，会给一些别有用心的异性传递错误的信息，让他们认为这个女孩是在"期待"他们做点什么，结果给自己招来麻烦，甚至带来危险。

所以，这里要提醒所有校园中的女孩们，平时在与同学交往时，无论是男生还是女生，都要采取"一视同仁"的态度，做到得体、大方、有分寸。

具体来说，我们需要注意以下几点。

1. 再好的关系，也要保护自己的隐私

为了保护自己，女孩在与男性朋友交往时要特别注意保持距离，小心亲密过度。也就是说，关系再好，也要有性隐私的观念，要记得男女有别。

2. 说话要有分寸，保持女孩该有的矜持

一些女孩天性就比较活泼、开朗，对谁都表现出一副热情的模样，行为举止也较为亲密，言语中也没有丝毫的顾忌。这样的性格可能会结交很多的朋友、"哥们儿""姐们儿"等，但也很容易让人误解，尤其是一些男生。

进入青春期后，男生对异性的好奇心会增强，所以他们很容易夸大或误解女孩某些言行原本的意义，并对女孩产生一些超越同学之间友谊的想法，影响彼此之间正常的同学关系。所以，女孩在与男同学相处时，一定要保持女孩该有的矜持，尤其是在言行方面要

做到有礼貌、有分寸，不说一些暧昧的话，不乱开玩笑，更要坚决杜绝污言秽语，这既是对对方的尊重，也是对自己的尊重。

3. 在行为举止上要做到大方、得体

在与男孩相处时，女孩也要注意，既不做一些有失分寸的动作，比如靠在别人的身上，或者动不动就张开双腿、身体乱颤；跟异性交流时，打打闹闹、嬉皮笑脸的。这些都是不合适的行为举止，很容易让人对你的行为产生误会。

在与男同学相处时，不仅要保持适当的距离，还要在动作上做到大方、自然，保持基本的礼貌姿态。即便是在向男生求助时，也要注意自己的表现和反应，既不要去讨好献媚，也不要蛮横骄矜。懂得把握尺寸和界限，做个言行守礼的女孩，对你才大有益处。

避免与男同学在人少的地方单独见面

2017 年 5 月，陕西蓝田县的一所小学里，四名五年级的男生趁着课间休息，将 11 岁的同班同学晓梦约到了校外的一个小树林里，并对她进行了性侵。

一名老师在去学校的路上，经过此小树林并且发现了这四名男同学，老师看到他们慌忙逃窜的样子，觉得很奇怪。于是，就上前去询问了遭受性侵的女孩晓梦。

老师了解到事实的经过后，大为震惊，就将此事报告给了校方，校方便通知了女孩的家长。女孩的父亲接到通知，如同晴天霹雳，立即报警！

对于这样的案例，女孩应该思考如何更好地保护自己的人身安全。很多女孩思想很单纯，总觉得跟自己的异性同学待在一起没什么。但是请记住，防人之心不可无，我们永远不知道对方在心里想什么，因为坏人通常都隐藏得很深，让我们极难察觉。

女孩，在学校里，我们尽量不要与男同学在人少的地方见面，就是很熟悉的男性朋友约你也要多留一个心眼儿，如果实在需要见面，那就先告知家长或老师，尽量约在人多的地方，比如热闹的街区、图书馆或商场等，以保证自身的安全。

那么，在现实生活中，女孩在课余时间，该如何做呢？

1. 上、下学，尽量让家长陪同，或者与同性同学结伴而行，尽量避免独行

女孩，上下学时，尽量由父母接送。如果爸爸妈妈实在没时间，那一定要与同性同学结伴而行，尽量避免单独行动。

在课余时间，女孩尽量避免跟男同学到偏僻的地方或对方的家里，即便你的好奇心很强，也不要轻易应允。你可以跟男同学说："多找几个同学一起，怎么样？"如果对方有其他说辞，你可以在提出多找几个同学后，立即回头招呼自己认识的人，并大声地把对方的要求说出来，不给他推辞的机会。同时，也要将你的行踪及时告知父母或老师。

2. 携带手机，方便联系

我们尽量携带充满电的手机，以便在需要帮助时，可以紧急联系家人或报警。在特殊情况下，你也要懂得随机应变。比如，当着男同学的面，你可以给妈妈打电话说："妈妈，我跟某某同学在某某地方……"这样，也会让对方不敢轻易侵犯你。

尽量不要与男老师单独相处

案例一：

2014年5月，陕西省咸阳市一所中学，一名57岁的男教师侵犯了16岁的高中女学生张某某。这名男老师曾多次将她诱骗到自己的住处，并侵犯她，致其怀孕。为了隐瞒自己的罪行，他强行逼迫张某某服下堕胎药，直到女孩身体出现异常反应被送到医院，这名男老师的罪行才得以暴露。父母知道后，十分气愤，果断报了警，男老师最终被抓捕。

案例二：

2018年4月的某天中午，甘肃省天水市某初中一年级英语老师刘某以补课为由，让自己的一名女学生到他位于校外的住处。未曾想到的是，刘某将女孩带到自己的住处后，就拉着女孩的手想要强行地搂抱亲吻她。女孩吓坏了，慌忙躲避，并请求开门放自己回家。但刘某称时间还早，让女生在这里陪陪他，女生激烈反抗。刘某见女孩不从，就塞给她100元，让女生不要声张此事。

因为这名女生自小就自卑、胆小，不敢把老师对自己做的事告诉别人。之后，刘某又以补课为由，让女孩到自己的住处。这一次，他遭到了拒绝。

一周后，女孩因为太过害怕，就将那天老师侵犯自己的事情告诉了妈妈。妈妈知道此事后，愤怒地报了警。还有同班的其他几名女同学也向警察反映，自己曾经遭到刘某的骚扰。不久，刘某被拘留。

在新闻中，经常有某个学校的男老师借各种理由对女学生进行猥亵、骚扰甚至性侵等事件，严重伤害女孩的身心健康。老师本是学生身心健康的守护者，是孩子值得信任的人，然而有些老师却会因为种种心理做出一些恶劣的行为，给女孩的身心带来阴影和伤害。

台湾女作家林奕含在2017年出版小说《房思琪的初恋乐园》后不久便自杀身亡，同时也揭开了她曾经遭受老师性侵多年的事实真相。而小说中描写的正是她自己的亲身经历。房思琪长相清纯可爱、颇具文采，她很是崇拜自己初习班里的李国华老师。李老师饱读诗书、才华横溢，见房思琪也喜爱文学，便以给房思琪指导写作为由，设下圈套对房思琪实施性侵。房思琪的故事告诫我们，在生活中如果遇到类似的事情，要及时向父母讲明，寻求父母的帮助。

与此同时，我们也要懂得自我保护。

那么，在与男老师打交道时，女孩需要注意些什么呢？

1. 尽量避免与男老师单独相处

在现实生活中，我们无法避免与男老师接触。比如，向男老师请教学习方面的问题，要男老师出面解决同学间的分歧、矛盾等，如果有以上这些情况，女孩最好叫上自己的好朋友一起去见老师，即便是让朋友在门口等，也比你单独去要安全。同时，在与男老师相处时，一定要注意与他保持安全距离，或者站在离门近一些的地方，如果有什么情况出现，也方便让自己脱身。如果男老师的办公室有其他老师，那你自然可以放心进去。如果只有男老师一人，你就要多做一些预防措施。

2. 谨慎地处理好与男老师之间的关系

在学校里，女孩要处理好与男老师之间的关系，比如见到老师时要有礼貌地打招呼，有些女孩性格活泼，喜欢在老师面前撒个娇、卖个萌，但在与男老师单独相处时，切忌在老师面前肆无忌惮地打闹。尤其是夏天穿着比较少的时候，更不可在老师面前表现得很随意，坐立行走都要守规矩。

在一些场合，如果不可避免地要与男老师单独见面，比如在上学路上、在校园的角落里等，向老师打过招呼后，要尽快离开，以防患于未然。

3. 对男老师的一些不合理行为或要求，要果断拒绝

在日常生活中，能得到老师的欣赏和喜欢，是一件幸运的事。与此同时，我们也要懂得把握好其中的分寸感与距离感。如果老师是真心地鼓励你、帮助你、欣赏你，那么你应该对老师抱有感恩之心。但如果男老师以"喜欢你"为借口，对你做出一些过于亲密的行动，比如搂抱你、亲吻你、触碰你或抚摸你等，尤其是触碰、抚摸你的隐私部位，那就要果断拒绝，不要因为害怕、恐惧等忍气吞声，要及时向爸爸妈妈寻求帮助，勇敢地保护自己。

炫富、攀比，并不会让你高人一等

　　玲玲是河北某市一所普通中学初中一年级的学生。有一天，玲玲拿出了一部全新的手机，她在班级里开始炫耀这部手机的款式、高配置等一系列优点，并夸耀说自己的家庭很富裕，总能够购买最好的产品。除此之外，玲玲还经常在同学面前炫耀自己的穿着，说自己的一双运动鞋价值 2000 多元。

　　还有一次，玲玲过生日，约一些同学到市中心的一家游乐场为自己庆祝生日。那天周末，玲玲的爸爸花重金包下了整个游乐场，专供玲玲和几个同学游玩。之后，玲玲还向同学夸耀说："只要是我提的要求，无论花多少钱我爸爸都会满足的！"经济条件上的优越感，也让玲玲开始对其他同学颐指气使，在同学面前总是摆出一副高高在上的样子，动不动就会跟同学说："我家里条件好，当然要享受好的待遇。"

　　这让班级里的许多同学很不高兴，纷纷远离玲玲，这也导致玲玲的朋友越来越少，大家都不喜欢跟她在一起。

在学校里，很多女孩爱面子，也想获得周围更多同学的关注，所以她们会滋生炫耀、攀比等不良心理和行为。有的女孩会以跟同学比谁的零花钱多，比谁穿得好、打扮得更漂亮等方式，在其他同学面前彰显自己的优越性。殊不知，这只会给自己带来更多的矛盾和冲突。

爱炫耀、攀比的行为与女孩不正确的价值观有密切的关系。女孩要认识到，金钱、财富确实能为自己带来舒适和美好的生活，但它却不是衡量我们人生价值的主要因素。如果一个人只迷恋金钱，那是在虚耗生命、空掷时光。人生的真正意义在于你为社会创造了价值，为这个世界增添了美好。女孩要知道，你现在所拥有的，以及你身上的富有的光环，都是你父母创造的，并不是你真正的价值。再者，金钱确实有一些力量，但金钱并不是万能的，所以，你所拥有的金钱并不会让你高人一等，所以也根本不值得你去炫耀，更不是你与他人攀比的资本。

女孩，身为新时代的青少年，我们要树立正确的财富观和金钱观，同时也要懂得时时审视自身的欲望。具体要怎么做呢？

1. 对财富要有正确的认识

在生活中，很多女孩觉得自己家庭富有，会产生一种优越感，以引起他人的关注。或者与他人盲目攀比，以满足自己的虚荣心。其实，我们完全没必要这样做。女孩，你要认识到，金钱是幸福生活的必要条件，但金钱并不等于幸福，因为人类不能没有精神生活。

物质生活富裕而精神生活空虚的人，不会有真正的幸福。同时，你也要清醒地认识到，你当下所拥有的，都是父母创造的；你所炫耀的，也只不过是你父母的财富，并不值得你骄傲和炫耀。相反，身为学生的你，养成谦逊的良好品质，取得好成绩，提升自身各方面的能力，才更能彰显出你的价值。

2. 不在他人面前炫耀，以免招来不必要的麻烦

在学校，很多女孩会在同学面前炫耀自己身上的各种名牌，如名牌衣服、鞋，名牌手表，名牌书包和首饰等，这确实会引来其他同学的注意和羡慕，满足自己的虚荣心。但与此同时也会招来其他人的嫉妒，甚至还会让一些不怀好意的人做出对你不利的事情来。

对他人的不合理要求，要懂得果断拒绝

案例再现

琳琳是一个善良、热心的女孩，在班级里有不错的人缘。但她有一个问题，就是不懂得如何拒绝别人。或者说，她不知道该如何去拒绝。班级里只要有人向她提出要求，不管这些要求有多么不合理，或者让自己为难，琳琳都不会拒绝。有时实在过分了，她就沉默不语，结果对方就认为她已经答应了。

一次，琳琳的同学黄某向她借钱，琳琳自己明明没钱，却不好意思拒绝，于是她就向自己的好朋友菲菲借钱。菲菲对她的行为很不理解，就对琳琳说："你自己明明没有钱，为什么不向对方说明情况呢？"

琳琳却小声说："我怕黄某在背后说我小气……"

菲菲一听很气愤，说："你又不欠她的，既然自己没有，与其打肿脸充胖子，还不如直接向对方说明情况。你这次借钱给她，她如果没钱还你，你怎么办？"

琳琳很无语，但她也不敢直接拒绝黄某，她烦恼极了……

不可否认，琳琳是个非常善良的女孩，但她的这种太过懦弱的个性，也让她烦恼丛生。实际上，生活中也有像琳琳一样的女孩，她们不懂得如何去拒绝别人，觉得拒绝是一种不礼貌、不友好的行为，让她们说出一个"不"字简直比登天还难。无论在什么时候，对于同学、朋友的一些要求，她们都答应下来，总想着哪怕自己吃点儿亏，自己受点儿委屈，也要让别人高兴。

实际上，在别人向自己提出请求或要求时，她们也想拒绝，但在脑中演练了无数次拒绝的话语却说不出口，最终只能以沉默和点头来回应。在答应对方之后，她们又会陷入深深的后悔中，但下次如果再遇到类似的情况，她们仍旧会答应。就这样周而复始，严重时还会给自己带来极大的麻烦，甚至还会危及自身的安全。

2016 年 11 月，在杭州市的某小学，一名 9 岁的女孩从教室的窗户上摔下去，因腿部受伤，不得不住院治疗。造成这个悲惨事件的原因是这个女孩不懂得拒绝。一天课间，一位同学的玩具掉在教室窗户外的窗台上，那位同学就让这名 9 岁的小女孩帮忙去捡。碍于情面，这名女孩没有拒绝。因为她的个子小，就想爬上窗户去捡玩具，但就在她扒在窗台上的一瞬间，整个身体失去了平衡，从窗口摔下去了……事后，这个小女孩为自己轻率答应别人而懊恼不已。

女孩，力所能及地去帮助身边的同学，这本身是一种美德。但是也要有自己的原则，如果事情本身超出了自身的能力范围，那就要懂得拒绝；否则，不仅会让自己心生烦恼，也有可能会带来悲惨的结果，就像上述事件中的小姑娘一样。

同时，我们也要知道，真正的朋友不会因为你的拒绝而远离你，反而会因为你有底线、有原则而更加尊重你。

那么，在现实生活中，如果遇到让自己为难的请求，我们该如何做呢？

1. 学会表达自我的处境

在生活中，周围的同学有求于我们时，是对我们充满了期待的，我们要尽力去帮助对方。但如果对方提出的要求超出了我们自身的能力，就要懂得向对方说明实际情况。比如，要向对方表达出"我本身有些困难，虽然有心想帮忙，但是现实能力不允许"等，这样的表述既表明了自己的立场，也传达了一种倾向于合作的态度，这样不会影响你与他人的友谊。

另外，女孩特别需要注意的是，在生活中要理性地认识自身的能力，确定自身的能力范畴，知道自己能做什么，不能做什么，以及要帮助别人，需要耗费自己多少精力等。

2. 弄清楚对方的目的

女孩，在你决定要接受或是拒绝别人的请求时，除了考虑自身能力外，还要清楚对方的目的是什么。如果发现对方有恶意，或者对你有更过分的要求时，一定要及时拒绝。

3. 拒绝时，也要讲究语言技巧

我们要学会在拒绝别人时，讲究语言技巧，这样不会影响我们与同学之间的关系。如果你在拒绝时，总是冷冰冰地对请求者说"不行""不可以""我不干"等，可能会给对方留下不好的印象。如果对方是个小心眼儿的人，还可能因此记恨你，或者与你发生冲突。所以，在拒绝时，我们要讲究方式和方法。比如，你可以跟对方说："很抱歉，虽然我很想帮助你，但我现在确实无能为力。""真的不好意思，你的问题我真的解决不了，要不你去问问别人？"总之，在拒绝时，我们要本着礼貌、谦和的态度，要向对方说明情况，然后再给出适当的建议，这种拒绝方法既不会让对方丢面子，又能使对方更容易接受。

远离"校园贷"，青春不负债

案例一：

2017年4月，福建泉州市某学校学生如梦因还不起校园贷款烧炭自杀。

事件发生后，如梦的父亲刘先生回忆，其实他最早在当年的2月就收到了贷款平台的催债短信并且替如梦还清了债款。之后，如梦学校的辅导员也就校园贷款一事与她谈过，如梦表示债款已经还清。辅导员出于信任没有进一步跟进。

在之后的一个月，刘先生又收到催债短信，再一次帮女儿偿还债务。可是，几天后，刘先生的妻子却又收到有女儿上半身裸照的短信，短信里什么都没说只有照片，之后刘先生又帮女儿还了14000多元。紧接着，如梦又陆续收到内容有威胁性质的催债短信，这时的如梦很难过，她曾向自己的闺密诉苦表示自己不想活了。但最终在闺密的劝说下，她回到了宿舍。

可是一个星期后，如梦在晚上下课后，用微信向父亲发了一段告别的话，随后选择自杀。

案例二：

2016年3月，河南郑州某学校学生郑某，通过网络平台贷款买彩票，利滚利后窟窿越来越大，欠下60万元无力偿还，最终跳楼身亡。

案例三：

2016年9月，安徽合肥某学校学生小林，借了2000元高利贷，2个月后债务本息"滚雪球"一般增加至19万元，小林无力偿还躲回家中，精神疑似出现障碍。因为追债人频繁上门、步步紧逼，小林的家人甚至不敢回家，只得东躲西藏。

近几年来，一些学生因"校园贷"而背上巨额债务的新闻层出不穷。很多学生在误入借贷陷阱后，因无力偿还贷款而遭到放贷人的威胁、逼迫等，最终导致各种悲剧的发生。

在现实生活中，在申请贷款的人群中，女孩的人数要远远多于男孩，为什么会有这样的现象呢？这与很多女孩的一些消费观念有关。她们喜欢漂亮的衣服、高档的化妆品、昂贵的电子产品等，这些对还处于学生时期的女孩来说，都价值不菲。而一些不法分子也正是抓住了女孩的这一心理特征，通过各种途径主动联系需要用钱的女孩，诱惑她们落入陷阱，"校园贷"的各种悲剧也就发生了。所以，在生活中，女孩一定要拒绝"校园贷"，不要在自己美好的青春年华里欠下巨额的债务。

那么，在现实生活中，女孩应该如何避免自己落入各种债务陷阱呢？

1. 树立理性消费观

女孩要树立正确的消费观，根据实际经济状态合理消费，杜绝虚荣、攀比、盲从的不良消费观。同时也要避免超前消费和盲目消费，如果确实有消费需求，可以向家长说明情况预支生活费或向老师同学求助，千万不要相信低息、免押、快捷的借贷平台广告，防止落入高利贷的陷阱中。

在现实生活中，一些女孩落入"校园贷"的陷阱，与她们错误的价值观有着密切的关系。女生很容易有攀比、炫耀之心，这就令她们的消费观变得极为不理性，追求名牌服饰、名牌化妆品等，也成了她们互相攀比的一部分。

但是，这样的攀比和炫耀都是需要用金钱来支撑的，如果没有足够的金钱用于消费，她们会通过一些贷款来满足。尤其是一些女孩子为了尽快地拿到贷款，不惜提供自己的隐私信息，将自己的身份信息、照片等尽数交到贷款方手中，丝毫不担心自己会被控制、威胁等，结果给自己招来了无数麻烦。

实际上，身为学生的我们，这些所谓的名牌、奢侈的东西，真的值得我们追捧吗？为此，甚至不惜走上歪路。一个人真正的价值，绝对不是用金钱来衡量的。你是否真的比别人强，也不是看你身上的名牌有多贵。这些外在的东西，根本不能真正地体现一个人的价值，你所拥有的知识、素质和丰盈的内心，才是你真正的实力。所以，女孩们千万不要花费精力和金钱，去追求那些毫无意义的东西，否则给自己带来的后果是我们难以承受的。

2. 加强对金融知识的学习

女孩要防止被骗，一定要学习一些金融知识，了解单利、复利、违约金、滞纳金等金融常识，了解金融理财知识，增强甄别和防范违法网贷诈骗的能力。

3. 不盲目相信推销的各种网贷产品

对于网络上推销的各种产品，我们切不可盲目相信，尤其是要警惕熟人的推销，不要随便填写和泄露个人信息。

第 五 章

抵制诱惑：
青春期的"涩苹果"
不能吃

　　处于青春期的女孩，对情感总是充满了美好的憧憬，会对异性产生好奇或者好感，这也是女孩人生中最纯洁、最美好的一个阶段。然而在这个阶段，女孩如果不能处理好自己青涩的情感，就可能会招来诸多的麻烦，甚至走上歧路。所以，我们要认真处理自己青春期的各种情感，让自己顺利、愉快地度过青春期。

友情与爱情，真真假假分不清

案例一：

小丽和小轩是自小玩到大的朋友，从小学到高中都是在同一所学校上学。平时小丽不开心时，总会找小轩倾诉衷肠，而小轩每次都会认真地倾听小丽的心声。

初中时期，很多同学经常见到他俩一起放学，就开他们两个人的玩笑，说他们两个人是情侣关系。这让小丽和小轩感到极为尴尬和困惑，难道平时在一起就是情侣了吗？

案例二：

一位初中女生在某平台上分享了自己的一段情感经历：

在初二刚开学的时候，我就被班级里的一位男同学吸引住了。在我眼中，这个男生高大、英俊，还总是一副酷酷的样子，不喜欢跟别人搭讪。而最让我喜欢的，就是他打篮球时的样子。我经常偷偷地坐在看台远处看他打篮球，他的每一个跳跃、每

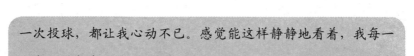

一次投球，都让我心动不已。感觉能这样静静地看着，我每一分每一秒都幸福极了。

他的学习成绩也极好，于是我就借着向他请教问题的机会，跟他"套近乎"。慢慢地我才发现，他是个极为热情、很乐于助人的大男孩，经常在学习上鼓励我和帮助我。

就这样，我每天都想看到他，每时每刻都想关注他的一举一动。我很不解，这难道就是所谓的"爱情"吗？我难道真的恋爱了吗？其实我也没有别的想法，就是每天能够看到他，静静地待在他的身边就行。

相信很多女孩都有过上述案例一中女孩的体验：与某个男生关系很是要好，你觉得你们是朋友，可总会被别人当成情侣。还有类似案例二中女孩的体验：对班级里某个男生颇有好感，希望时时刻刻能看到他，觉得他很帅、很可爱。有些勇敢的女孩，可能还会主动去"追求"自己有好感的男生。

那么，这是不是就是爱情呢？

事实上，进入青春期之后，无论是男孩还是女孩，身体和心理都会发生变化：第二性征出现，思想意识逐渐成熟，独立意识也大大地增强；有心事更想向男性倾诉，也更能从他们那里获得安慰，所以会被人认为是爱情。这也会让我们产生困惑：与男生之间的究竟是爱情还是友情呢？实际上，案例一中的女孩与那位经常谈心的男孩是友情关系，而非真正的爱情。

另外，青春期的孩子也对异性充满好奇，所以这时女孩就会在心里偷偷地幻想自己的"白马王子"。而一旦某个男孩比较帅气、幽默、友善，就可能会引起女孩的好感。这是青春期的一种极为正常的情感，它并不是真正的爱情，最多只能称为"有好感"。

所以，案例二中的女孩对班级里的那个男孩产生明显的好感，并不是什么不好的事情，也不能称为"恋爱"，那只是一种美好的感觉。而真正的爱情是一种高于自身生命价值的情感，你会心甘情愿、义无反顾地为对方付出。但是很显然，青春时期的女孩在年龄、阅历和心理上，都不足以担负起这样的情感。所以，女孩不要混淆了爱情与好感，哪怕真对某个男孩有好感，也算不上是爱情。

那么，在生活中，如果我们对某个男生心生好感，我们该如何处理这种情感呢？

1. 自觉学习青春期相关的知识，认清自己的情感

当我们开始关注异性时，说明我们的个人情感已经开始发育。此时发现自己对某个男生有好感，是再正常不过的事情了，这也恰恰意味着我们的情感发育是正常的。

那么，我们要如何处理这种情感呢？是任由它发展下去吗？

并非如此。这时，我们应该尽快地查阅一些关于青春期情感发育方面的书籍，学习一下里面相关的知识，帮助自己认清这份情感的性质，解答青春期情感发育中的疑惑。而且，这些书籍还会给我们提出一些建议，科学地引导我们进行自我成长，从而让我们的情感向着健康、积极的方向发展。

2. 将这份情感埋藏于心中，不让它过度影响你

当感觉自己开始在意男孩时，有些女孩会感到恐慌，甚至忍不住胡思乱想。就像案例二中的女孩那样，担心自己是"爱"上那个男孩了，这样不但会影响学习，还会增加自己的心理压力。

其实，就算你对某个男孩产生了好感，也不必过分地紧张，因为这是一种极正常的情感。你要做的就是将这份情感埋藏在心底，同时将对对方的好感转化为尊重和鼓励，使其成为你们互相学习、共同进步的动力。这样一来，这份情感不仅不会带给你什么负面的影响，反而还会促使你更好地将精力投入学习和各种能力的提升之中。

3. 用更有意义的事情转移自己的注意力

如果你担心自己的注意力过分地集中到对方身上，影响你的学习，你也可以寻找一些其他更有意义的事情来转移自己的注意力。比如，参加一些课外活动，结识更多优秀的同学；多参加集体活动，如勤工俭学、社会考察、参观访问等，通过这些活动分散自己专注在一个人身上的精力和情感。

当你接触到的世界逐渐变大后，你就会发现，世界上还有很多有趣的人和有趣的事情，等待着你不断地去探索、去追求。而你的内心也会在这个过程中逐渐恢复平静，去寻找更多感兴趣或者能释放精力的东西，而不再沉迷于眼前这些不太成熟的情感之中了。

珍视友谊，但也要坚守一定的界限

案例一：

正在上初中一年级的女孩小雅最近遇到了一件烦心的事情，她发现班里的同学总是在背后对她指指点点。有时她明明看到几个女生在那儿聊天，可当她过去想加入时，却发现大家都散开了。当她问她们在聊什么时，她们又忙说道："没聊什么，没聊什么。"

后来，小雅私下里找到与自己关系比较要好的女孩，问她究竟是怎么回事。女孩这才告诉小雅，班里的女孩都觉得小雅跟班长关系有点儿亲密。"一起上学、一起回家，就像一对恋人一样，还说你们背后肯定干'坏事'了。"女孩告诉小雅。

小雅这才知道，原来大家都是误会她和班长了。其实她和班长的家住得很近，班长的数学成绩很好，小雅的数学成绩却有点儿差，所以就让他给自己补补数学。而且班长本人也很好，热心、幽默，小雅觉得这个朋友真的"很值得交"，加上小雅本身也大大咧咧的，和班长在一起有点儿无所顾忌，没想到被大家误会了。

案例二：

正在上初二的女孩小谭，与本班一名男生关系很要好，都爱好文学，有诸多的共同语言，而且相互都有好感。两人互相喜欢，对男生来说是一种激励，于是，他的学习成绩在班上排名第三，小谭的成绩也有所提升。可两人的亲密关系，让周围的同学都嘲笑他俩像是在谈恋爱。为此，小谭开始有意疏远那名男生，他俩也不在一起讨论有关学习的问题了，更不在一起玩了。而且，当那名男生主动关心小谭时，她还有意避开他，而这也让男生陷入了苦恼中……

女孩，尤其是在青春期与男孩相处时，最容易产生两种极端的情况：一种是女孩对男孩处处设防，不敢"越雷池一步"，生怕会引起对方的误会，或者招来别人的非议；另一种则恰好相反，对男孩表现得过分热情、亲密，好像有说不完的话。

出现在女孩身上的这两种情况都不难理解，第一种情况是与异性相处过于谨慎了，谨慎到连朋友都不敢做，这样的女孩在长大之后，与异性相处也容易出问题。第二种情况，虽然女孩与异性有了交往，但却没有把握好相处之道，也没有把握好相处的尺度和界限，既有可能引起对方的误解，也可能引起周围人的误会。

实际上，在进入青春期后，异性之间相互吸引、相互喜欢是正常的现象。尤其是女孩，会渴望引起异性的注意，与异性交往，这就是我们所说的青春期异性相吸。而且，青春期女孩也需要从异性身上学到自身所欠缺的东西，只要女孩对自己有清醒的定位，把握好自己与异性之间的界限，是完全可以与异性大大方方地相处的。

说到此处，可能会有人说，男女之间是不存在绝对纯真的友情的。其实，这种说法既是错误的，也是狭隘的。人与人之间的情感有很多种，而与异性之间也不是只能有恋情，还可以有友情等。而且异性间也并非只能是恋人，还可以是同学、朋友、师生等多种人际关系。所以，青春期的女孩是完全可以与异性建立起纯真的友谊的，只是友谊虽然可贵，我们也要懂得保持一定的界限。

那么，在生活中，在与男孩交往时，具体该注意哪些方面呢?

1. 不与异性有过分亲密的行为

生活中，我们会看到一些女孩在与异性在一起时，会勾肩搭背、穿着暴露、说话随便，爱说一些轻浮、粗俗的话，或者动不动就挽住对方的胳膊，与异性拉拉扯扯，甚至坐在对方身上。在这样的情况下，无论你与对方之间是否存在友谊、友谊有多深，你在对方的眼中都是一个轻浮的女孩，因为你突破了异性之间相处的界限。而你的以上行为举动也会给人造成误会，从自我保护的角度来看，也是非常不利的。

2. 不随便去异性家里或者带异性回家

有些女孩觉得，既然自己跟某个异性是朋友，那么将朋友带回家或者跟对方回家是正常的事情，没什么大不了的。事实并非如此，如果你独自在家，即便熟悉的异性前来，也可能产生不轨之心。同样的，如果你跟对方回家，也容易让对方对你产生非分之想。而且在自己家中出事的话，外人还不易察觉，所以，即便你与对方的关系很"铁"，也不要随便将对方带回家或者跟对方回家。

不仅如此，我们单独在家时，还要注意锁好门，不要随便给敲门的人开门，无论对方是送快递，还是送外卖，都不是你随便开门的理由。如果是送东西的，你可以让对方把东西放在门口；如果是其他的事情，则表示会联系家长后再回复对方。如果门外的人仍然纠缠不走，坚持要你开门，你也可以报警寻求帮助。

3. 与异性相处不仅要守规矩，而且要给予尊重

在与异性相处时，女孩要守规矩，不要与异性过于亲密，更不宜将异性带回家，那么女孩应如何与异性朋友相处呢？最好的相处方式，就是以彼此尊重、平等、礼貌的态度真诚相待。

无论是女孩自己，还是与女孩相处的异性，每个人都是独立而有尊严的个体。在相处时，女孩既不能让自己处于弱势，也不要摆出一副高高在上的姿态，而是要与对方彼此尊重，平等地相处，有什么问题就大大方方地提出来，该提供帮助的时候也要大大方方地去帮，这样做既与对方保持了合适的界限，又培养了我们正常的社交能力。而且，这种做事大方、有界限感和有自尊感的女孩，往往也更容易赢得异性的尊重和友谊。

意外地收到"情书"，该怎么办

案例一：

小可是一个宝妈，她有一个女儿，今年 14 岁，正在上初中二年级，小可的女儿周周是一个非常可爱的女孩，不仅学习成绩好，人长得也是非常漂亮，同学和老师都非常喜欢她。

小可对于女儿的教育非常重视，她竭尽全力给女儿提供最好的环境，为女儿报各种各样的补习班，她想把女儿培养成一个全能型的孩子。这一天女儿放学回来告诉妈妈说她收到了情书。

听到这里，小可才意识到女儿已经是一个大孩子了，不仅要对她进行学习上的教育，更要对她进行心理上的教育，让她得到真正的成长。她告诉孩子说你能收到情书，这是因为你非常优秀，是别人对你的肯定。但是你现在不是谈恋爱的年纪，你应该在最美好的年纪做最美好的事，好好学习，大家可以做朋友共同成长。

周周听到这里也明白了一切，这件事也没有影响周周的学习。

案例二：

刚上高中一年级的小乐是个长相甜美的女孩，学习成绩也很好，所以深受同学和老师的喜爱。但是小乐性格有些内向，平时跟同学，尤其是同班的男生很少说话。然而，突然有一天，她却收到了一封男同学的"情书"。

那是一天放学后，班级里的一名女生走过来，递给小乐一本书，还用手指着书中夹着的一封信件。小乐有些惊讶，怀着忐忑不安的心情打开了书中的那封信。上面是班级里的一位男生写给自己的："小乐，我已经注意你很久了。也许你没注意到我，我喜欢你很久了，我们成为朋友吧……小雄。"

看过这封信后，小乐的脸"腾"地变得通红，她的心"扑通扑通"地狂跳不止。她快速地将书合上，坐在书桌前一时慌了神。小雄是班级篮球队的成员，高大英俊，深受女孩子的欢迎，但小乐一直觉得自己是个普通的女生，又不爱说话，所以很少主动与小雄交往，没想到小雄竟然喜欢自己，这可怎么办啊？

女孩到了青春期，身体发育逐渐成熟，很容易引起异性的注意。特别是一些长相俊俏、成绩优异或活泼开朗的女孩，经常会收到来自男同学的表达好感的"情书"。那么，面对这些"情书"该怎么办？实际上，案例一中的宝妈小可给女儿的建议就值得女孩去参考。女孩要知道，收到男孩的"情书"，一方面说明你是优秀的。同时，男孩也是在用文字表达自己内心最纯真的情感，他们并没有什么恶意。所以，我们也不必对此耿耿于怀。同时，当我们在情窦初开的年纪收到异性的情书时，总是免不了会耳红心跳，这也是正常的心理现象，我们不可过于将此放在心上，而是应该沉下心来好好学习。

另外，也有一些女孩在接到男同学写给自己的"情书"时，完全不知所措，就像案例中的小乐一样。要知道，任何一个女孩被异性追求时，心情都是极为复杂的，但更多的是开心，毕竟有人追求也代表了自身有魅力。所以，有些女孩禁不住男孩的甜言蜜语，便会接受对方的"追求"，从而影响学业。还有一些女孩抱着"好玩"的心态，想要尝试一下谈恋爱的感觉。更有一些女孩，出于"这么优秀的男孩都喜欢我"的炫耀心理，四处显摆，这都是极不恰当的做法，可能会给自己带来更多的麻烦。

面对男同学写给自己的情书，有着欲拒还迎的矛盾心理是很正常的，但也一定要理智面对。一位女孩在回复男生写给自己的情书时，这样写道："同学：但愿同展韶华锦，挽住时光不许动。你的信我已经收到，然而，距离高考还有70多天，我是一定会进清华大学的。你若是真心想追我，就在清华给我写表白信吧。"

这个女孩的处理方式十分巧妙，既表明自己已经知晓同学对自己的心思，又明确表明了自己的态度，但她并未直接否定对方的情感付出，而是激励对方与自己共同努力，一起相约在知名高校相见。

这样的处理方式也给女孩提供了一些参考。事实上，青春期女孩对于情感尚未形成全面的认知，而且青春期也是我们学习的最佳时期，最好不要过早地涉入情感。所以，如果你收到了情书，建议你根据不同的情况，采用巧妙、合理的方式去处理。

那么，在面对异性的"情书"时，女孩还需要注意什么呢？

1. 如果对方是个品质好、自尊心强的同学

如果给你写情书的同学有不错的人品，为人正派，且有很强的自尊心，那么，最好的方式就是冷处理，即对他的情书不回应，还与他保持正常的同学间的交往，时间一久，对方也就会知趣地退却了。

当然，如果对方再给你写情书，那你不妨也给对方回一封，感谢他对你的情感，同时也要分析利弊，坚决地表明你的态度：我们只是同学，年龄太小，对很多问题认知还不够，不会发展成为其他关系。一定不要给对方模棱两可的回应，从而让对方产生误会。

2. 如果对方人品不好，或是校外人员

面对人品不好的同学，或是校外人员，我们一定要坚决地回绝，明确地告诉对方不要纠缠你，你不需要给予回信，更不要赴约，用实际行动告知对方你的态度，不给对方任何可乘之机。

如果对方仍旧纠缠不休，甚至还恐吓你、半路拦截你，你可以告知老师或者家长，请他们出面帮你处理。

3. 规范自己的言行，做自己情感的主人

女孩被异性追求，说明自身是具有魅力的，是值得高兴的事。

但是，在现实中，我们也要检查一下自己的言行，反思一下自己的行为，看自己是否有表现轻浮的地方，或者是否有表现不够坚决、拖拉的地方，让对方误以为可以与你进一步发展关系。

所以，女孩平时一定要规范自身的言行，有意识地提醒自己注意，不要说出轻浮的语言和做出轻浮的行为，理智地去处理好与异性的关系，做自己情感的主人，让自己的青春时光充满阳光和快乐。

用这些方法，拒绝男性的纠缠

案例一：

2017年5月的一个中午，在杭州市一所中学的门口，七年级的一名女孩在来学校的时候边走边哭，而且还一脸的惊恐。在校门口值班的老师赶紧将女孩带到一旁，询问缘由。

原来，刚刚在上学路上，这名女孩被一名中年男子表白，遭拒后，这名男子就对女孩不断地纠缠，并趁她在上学的途中强行搂抱。两位老师了解情况时，正在巡查上学秩序的副校长也看到了，得知有女学生在校门口被人欺负，他立即联系女孩的班主任老师，安排专门老师对受害女孩进行心理辅导，同时报告校长，并拨打"110"进行了报警。

案例二：

在安徽合肥市，刚14岁的小丹是一名初中生。她性格开朗，人也长得漂亮，为人也和善，与周围的同学都处得不错。

有一次，小丹被同校的一名男学生纠缠了，这名男生想让小丹做她的女朋友，遭到了小丹的拒绝。但这名男同学依然不依不饶，竟然上前对着小丹做各种搞怪的表情，这让小丹很是不耐烦，于是双方就发生了拉扯……这件事让小丹很是苦恼，她不知道该怎么办。

　　上述两个案例中的女孩，在拒绝男性后，仍然被他们纠缠，给她们带来了麻烦和苦恼。身为女孩，在面对这种现象时，也要懂得自我保护。就像案例一中的女孩，面对社会上成年男性的纠缠，正确的做法就是及早告诉父母和老师，或者直接报警。而案例二中的女孩小丹，面对学校男同学的纠缠，最好的办法就是表明自己的态度，或者直接将此事告诉老师和家长，让他们帮你处理。

　　处于青春期的女孩和男孩，身体和心理快速发展，情感很容易波动，做事也容易冲动。很多时候，一些男生在对自己喜欢的女生表白后，如果被强硬地拒绝，会心存芥蒂，处处针对女生。所以，身为女生，一定要学会用适当的方法拒绝对方，以免给自己带来无尽的麻烦。

　　那么，在现实中，女生该如何去拒绝向自己表白的男生呢?

1. 在拒绝男生时，不要伤及对方的自尊

　　女生在遇到同校的男生表白时，一定要明白，对方对我们没有什么坏心思。我们要做的就是在尊重对方的前提下，去拒绝对方。比如，我们切勿把这件事情当众挑明，对对方进行羞辱和贬低，被

践踏尊严的事情谁也接受不了。同时，我们也不要把被表白这件事
四处炫耀，这并不是什么值处骄傲的事情。再者，拒绝对方的时候
一定要顾及对方的感受，尊重对方。最后，鼓励对方把主要的精力
用到学习上。这样，知趣的男生就不会继续纠缠你了。

2. 避免冲动，不要去刺激对方，以免事情进一步恶化

女孩如果遇到一些校外男生的挑衅和针对，一定不能冲动，
更不能用激动的话刺激他，避免事情进一步恶化。平时在学习和
生活中尽量避开该男生，除了必要的同学交往，一定要避免私自
联系。

上学和放学的路上尽量由父母接送，或者和其他同学结伴同行。
平时不说和该男生有关的话题，尽量淡化二者之间的关系。这种冷
处理是比较理智的方法，经过一段时间，该男生觉得无聊这事也就
不了了之了。

3. 尝试与对方进行沟通和交流

现实中，有些人在拒绝别人的时候，不够尊重对方，没有考虑
对方的感受，而导致对方感情受挫，自尊受伤，都可能由爱生恨。
所以，我们要尝试与对方进行沟通，将一些事情说开了，就能避免
给自己带来不必要的麻烦。比如，我们可以告诉对方他很优秀，但
是现在不适合谈恋爱。这种把时间往后延宕的方式比较委婉，也比
较贴近现实，容易让对方接受。毕竟初中阶段是人生非常关键的时
期，不适合谈恋爱。我们还可以告诉对方自己目前没有心思考虑这

些事情，可以开诚布公地和对方谈谈自己的人生规划与学习计划，告诉对方自己不打算这么早就谈恋爱，希望得到对方的谅解。另外，我们可以感谢对方的喜欢和欣赏。

只要把自己的真实想法开诚布公地告诉对方，拒绝得有礼有节，相信对方也能够理解。如果对方还是纠缠不休，那就告诉对方："你好好学习吧，将来我们在某某大学再相遇！"将来一切都是未知数，也算是善意的谎言吧。

不要轻易与心仪的男孩发生肢体上的接触

案例一：

2016年4月，在辽宁大连市一所中学，刚上初二的小宁被同校的一名男生在学校的操场当众表白，男生送给女生一束鲜花和棒棒糖，小宁则送给男生卡通玩偶，在交换完"定情信物"后，两人就拥抱在了一起……万众瞩目下女孩开始还有点羞涩，不过很快接受了这一切，和对方拥吻长达10分钟。

此事之后，同学们对小宁议论纷纷，说她不懂得羞耻，这么小的年纪就开始谈恋爱，还当众与男生拥吻……

案例二：

14岁的朵朵是河北省廊坊市某中学的一名初二女生。在她过14岁生日那天，她邀请了几个要好的同学到家里做客。当时她们班上的体育委员宁涛也在。宁涛长相帅气，是班级里很多女生私下议论的人物。在朵朵生日那天，宁涛送了她一个精美的书包。

这让朵朵受宠若惊，那天她看着宁涛帅气的样子，一下子就被他"迷"住了。生日会结束后，朵朵开始跟宁涛走得很近，直到有一天，宁涛突然向朵朵表白道："朵朵，我喜欢你很久了！"朵朵开心不已，当即就答应了他的求爱。

有一天，宁涛约朵朵去看电影，那天电影院上映的是一部爱情片，朵朵看着宁涛俊朗的面孔，情不自禁地主动亲吻了宁涛，宁涛也迎合着朵朵吻了上去……

第二天，朵朵刚到学校，就发现几个同学正在暗中指着她窃窃私语。朵朵很是纳闷，后来才知道，原来宁涛在学校曾经大肆地宣扬，说朵朵爱上了自己，还主动献出了自己的初吻，自己一直以为她是个矜持的女孩，没想到她竟然这么不检点……

这件事让朵朵受到了极大的打击，接连几天都是寝食难安，连学习都无法集中精力了。

在一些女孩看来，与喜欢的男生接吻就是相爱的证明，也是他们爱情之旅的开端。然而，这种不当的行为难免会被周围的同学嘲笑，那么我们的烦恼也就来了。同时，身为女孩，过早地与男生有肢体上的亲密接触，对我们也有诸多不利的影响。

同时，案例二中的女孩朵朵，当她主动献出自己的初吻后，就被宁涛四处宣扬，说她是个随便、轻浮的女孩，不仅给自己招来了诸多的麻烦，还让自己的情感受到了极大的伤害。也许许多女孩对宁涛的行为有些不解，明明他说喜欢朵朵，为何还那样去诋毁她呢？

实际上，这个世界本来就存在着太多我们意想不到的事情，没人能真的确定，一个男孩跟你说"亲爱的，你就是我的唯一""我们一定会天长地久地在一起""我们未来一定是要在一起的"等甜言蜜语的时候，你们就真的能获得幸福了。

我们经常会在现实或者新闻中看到一些事实：某某女孩因为男孩偷吃"禁果"后怀孕了，不敢告诉父母，让男孩陪自己去医院打胎，没想到男孩却跑了……这样的新闻既让人气愤，又让人叹息。所以，女孩一定要珍视自己，即便遇到心仪的男孩，也要控制好自己的情感，不要发展到情难自禁，甚至偷吃禁果的程度。不过，如果你能将自己的主要精力用于学习等有意义的事情上，自然也就不会被情感所困了。

那么，在与心仪的男孩相处时，女孩需要知道些什么呢？

1. 在太随意的爱情中，受伤的往往是女孩

无论是从生理角度还是心理角度，女孩都是爱情中极为脆弱的一方。比如，在一段亲密的关系中，女孩既奉献了自己的初吻，还可能进入了亲密接触阶段，甚至有了肉体上的接触，这不仅对身体发育尚不成熟的女孩造成了一定的伤害，还可能会导致怀孕。这个时候，你该怎么办呢？绝大多数情况下，女孩都会选择堕胎。而堕胎手术对未成年女孩来说是非常危险的，会对自己的身体带来莫大的伤害。

而对男孩来说，在与女孩进行肢体接触后，比如亲吻或发生关系后，新鲜感获得了满足，身体的渴望也被满足了，他可能很快就

会进入倦怠期。所以，一个男孩如若真的珍视你们之间的情感，就一定不会伤害你，更不会让你冒这样的风险。而女孩也要懂得珍视自己，不要轻易就把自己的初吻甚至身体献出来，也不要让对方触碰你的身体。

2. 明白自己身体的哪些部位是不能随意触碰的

处于青春期的女孩与男孩之间相互喜欢和彼此欣赏都是正常的，但对于女孩来说，与异性之间最恰当的关系就是相互欣赏。尤其是从女孩的角度来分析，我们不仅要保护好自己的初吻，还要知道自己身体的哪些部位是别人不能随便触碰的。比如，我们的脸部，还有胸部以及下身的隐私部位等，都是绝对不允许别人，尤其是异性随意触碰的。

另外，对于女孩来说，男孩的身体，尤其是男孩的下身部分，我们同样也不能随意去触碰。否则，你的一个不恰当的动作就有可能引发异性的一些心思，尤其是与同龄异性的接触，很可能让对方对你产生误解，从而给你带来不必要的麻烦。

理性对待"早恋"：熟透的苹果才好吃

案例一：

一位妈妈曾给早恋的女儿写下这样一封信。

亲爱的女儿：

你已经快 15 岁了。在同学之间互有好感地都敢以"老公、老婆"相称的时候，我得这样告诉你：宝贝，别急！现在谈恋爱，就如同把自己挂在一棵小树上。小树的树枝可不结实，不一定能挂得住你，挂不住你，两个人就会一起摔到地上，弄得满身是伤。

女孩子的恋爱就好像是在寻找一棵可以依靠的大树，高中的树干细得不能依靠，专心学习才是正确的路，偏差了就是一生的遗憾。该学习时学习，该恋爱时恋爱。你不能为一个小男生在一棵小树上吊住你自己，要知道不远处还有一片森林在等着你欣赏呢，你干吗不进森林去看看呢？那里的树有高有矮，树叶有红有绿，好看得多！

假如你已经在这个不适合的季节恋爱了，该怎么办呢？妈妈给你的建议是：从早恋中解脱出来，如何解脱？像居里夫人（原名为玛丽亚·斯克沃多夫斯卡·居里）那样。居里夫人中学毕业后为了挣钱到巴黎去上大学，就到乡村一个有钱人家家里去当家庭教师。这家的大儿子卡西密尔爱上了她，她也爱上了这位英俊的大学生。两个人陶醉在初恋的甜蜜中，并计划结婚。

当时的玛丽亚还不满19岁。因为卡西密尔的父母坚决反对，卡西密尔的决心动摇了。当时的玛丽亚内心十分痛苦，曾有过"向世界告别的念头"。但是，突然的打击拨开了热情的迷雾，玛丽亚终于认识到，因为自己年轻，这场恋爱完全是被感情占据了主导地位。她意识到，自己心智还不够成熟，还不懂得如何选择自己的终身伴侣，也没有学会从本质上去认识他人。玛丽亚看到了自己和对方在性格上的巨大差异，原来热恋的对象并不像自己想象的那样可爱。

终于，她的理智和意志使她摆脱了个人的苦恼，并且坚定了向科学进军的生活目标。后来，玛丽亚到巴黎求学，在追求科学的共同工作和生活中，找到了自己理想的伴侣皮埃尔·居里，他们共同为人类做出了贡献，也找到了幸福。

我们从居里夫人的故事中得到这样的启示：年轻的时候，对闯进自己生活中的异性，需要用理智来调节自己的情感，不做情感的奴隶，不任由感情来摆布自己。不要让你的心那么容易被打动，不要过早地卷入恋爱的旋涡中。因为，青春期是人生的黄金时期。青春期之所以宝贵，就在于它正处于人生发展的高峰时期：生理变化的高峰，智力发展的高峰。

……

案例二：

2019年5月，天津市某中学举办了一次中学生心理健康知识讲座，讲座的主题是理性地对待早恋行为。

在互动环节，有个胆子比较大的女孩给那位讲座的心理健康方面的专家写了一张字条，上面写着："当有个男子向我表白，我该怎么办？"

那位专家给出的解答是："如果一个女孩被男生当面表白，或者收到对方的情书，这并不是什么坏事。相反，这说明你已经成熟，吸引了男孩的注意和好感，所以你首先要向他表示感谢。其次，你要告诉他，学生时代的爱情是不成熟的，会对我们的学习和生活产生一些消极的影响……"

另外一个女孩也给心理学专家写了一张字条，上面写道："我失恋了，很痛苦，请问老师，我该怎么办？"

那位心理学专家给这个女孩的回答是："早恋的成功率本来就不大，青少年不仅缺乏社会经验，还缺乏了解他人的经验。随着年龄的增长和阅历的增加，我们必然会重新考虑爱情的标准，因为'苹果只有熟了才会甜'。当下的'失恋'对你来说并不是坏事，恰恰是促使你成长的动力，你不但不应该烦恼，反而应该感到高兴才对……"

所谓的早恋，就是过早地恋爱，而且也因为"早"，所以会给人留下深刻的印象。但从客观角度来说，这其实只是情感的萌发期，人生中真正的情感可能还远未开始。不仅如此，早恋的成功率也是极低的，很多早恋都是无果而终，很多时候，它对自己的身心伤害极大。所以，我们要理性地认识和对待早恋。

处于青春期的女孩，对外界的一切事物都充满了好奇心理，并会对异性产生好感，这都是正常的心理现象。再加上生活中，一些情侣的亲密行为和电视剧中对美好爱情的刻画，都会对我们的心理产生一些影响，因为这段时间，是我们性格塑造和不定性的时期，我们应该正确地认识我们的心理变化，以客观理性的态度去看待，而不是沉湎其中、无法自拔。比如，我们可以向父母或者老师倾诉自己内心的情感变化，让他们给你提一些合理的建议和意见。其实，每个人的一生都会经历这样的时期，多听听父母的意见，毕竟他们的经历和经验可以供我们参考，父母不仅是我们的亲人，更是我们生活中的老师，他们能更好地对我们的心理和情感进行引导。

那么，在生活中，女孩应如何正确地面对"早恋"呢？

1. 保持理智的头脑，不可做出出格的举动

青春期的女孩，身体和心理发育逐渐完善，对于异性的身体充满好奇。但是，本着对自己负责的态度，毕竟我们的心智还不完全成熟，所以，不要过早去与异性发生肢体上的接触，平时要多注意自己的行为举止，敢于向对方说"不"。否则，有可能会为我们的

人生带来遗憾。

2013 年 8 月，天津市一名 15 岁的男孩和一名 13 岁的女孩早恋，并外出开房同居。双方父母发现后，虽然都没有深究，但男孩还是被公诉机关提起了公诉，最终被判强奸罪。

可能很多女孩都不理解，父母和女孩本人都不追究了，为什么男孩还被判了刑呢？因为按照我国法律规定，与不满 14 岁的女孩发生性关系，以强奸论，从重处罚。而已满 14 周岁不满 16 周岁的人犯罪，应承担刑事责任，且不论当事人是否出于自愿。所以，案例中的男孩才被判了刑。

在这则案例中，男孩受到的伤害似乎比女孩更大，但女孩也是受害者，这件事有可能对她的心理是一次沉重的打击。同时，她身体尚处于发育阶段就与男性发生了性关系，对身体也是一种伤害。所以，生活中，女孩一定要保持理智，不要轻易去偷吃"禁果"。

2. 将早恋当成自我上进的动力

从一定意义上说，早恋是美好的，因为没有任何的现实压力，不用考虑太多现实的生活，完全是两颗青春的心碰撞在一起，体验甜蜜而又美妙的感觉。但是，我们毕竟生活在现实中，而当我们将早恋放入现实中后，它又是相当不牢固的。所以，我们尊重早恋这种情感，但又要理智地对待它，用更多的时间和精力去规划实际的未来。父母间的爱情也告诉我们，只有两个人互相扶持、共同担当，才能不断地进步，建立更美好的生活。但这里有个重要前提，就是双方都要足够成熟、理智、有担当，因此对于青春期阶段的我们来说，暂且将这份美好的情感放入心底，作为自己努力学习、与对方共同进步的动力，才是最理性的做法。

3. 多看一些积极向上的书籍

古人云："读书使人明智。"我们应该多看一些对我们学习有帮助并且积极向上的书籍，这段时间，很多同学喜欢看一些言情的书，虽然很多描绘的是校园生活中的爱情故事，但是，很多书籍还是不适合我们这个年龄阶段的，并且一些爱情故事所描绘的美好都是想象的，和现实生活有很大差距，所以我们只能作为课外读物消遣，切勿模仿。

4. 要有清醒的自我认识

我们自己要在心里形成对早恋的清醒认识，知道什么事情是能做的，什么事情是不能做的，我们应该对自己有一个约束和给对方一些时间，等我们的心理和生理都成熟之后，再去谈及这些事情，作为一名学生，我们应该紧抓自己的学习。

喜欢上了男老师，该怎么办

案例一：

2012 年，河南郑州市一名男老师利用女学生的崇拜思想，和女学生私下里约会，实施了犯罪。

家住郑州的女孩小嘉 14 岁，是某初中三年级的学生。那年暑假，小嘉央求父亲给她报了个吉他班。吉他是她很久前就想学的乐器，她之前就非常喜欢那种坐在树荫下弹着吉他或者晚上看着星星弹着吉他的场景，梦想带有一些偶像剧色彩。

想着女儿好不容易能放松下来，父亲就答应了小嘉的请求，给她报了一个吉他兴趣班。

上课第一天，教小嘉的是 32 岁的男老师张某，他的吉他弹得出神入化，脑后扎着一个小辫，颇有艺术家的气质，和小嘉想象中的偶像剧中的王子形象十分相近，随着两人相处日子的增加，小嘉也渐渐地迷上了这个张老师。

而张老师也看出了小嘉的心思，甚至可以说一切其实都在他的预料之中，他从见到小嘉的第一面，就开始了有预谋的"勾引"。

对学生下手，张老师也算得上是一个惯犯。他看到小嘉不仅长相漂亮，而且还比较单纯，于是就利用小嘉对浪漫的向往，多次制造二人单独相处的机会，甚至制造巧合，让小嘉逐渐对他产生了好感，主动上前接触。

在小嘉看来，这一切都是缘分，但年龄的差距始终让她踌躇不前。实际上，这位张老师早已成家，还有一个刚上小学的孩子，妻子是一位公立学校的老师，因为妻子工作忙，只顾着学生，夫妻俩之间的感情逐渐冷淡，他便将目光瞄准了自己的学生。

之后，因为小嘉上高中后住校，父母对她的管束也就少了。对张老师的迷恋，让小嘉无法自拔。她知道张老师已有家室，可还是义无反顾地从学校的宿舍搬出来，跟他同居。因为这位张老师曾对小嘉说，自己和妻子已经形同陌路，很快就会离婚。单纯的小嘉自然没有怀疑，反而怀揣着对幸福的向往，等着老师离婚，和自己在一起。

之后，小嘉的父母发现了女儿与张老师同居的事情，果断地报了警，那名张姓老师也因为与未成年女孩发生关系而被逮捕。

案例二：

14岁的小周是河北石家庄市一所中学的初二的学生，她自小父母离异，跟着妈妈生活。或许是因为自小缺乏父爱，小周在初二刚开学的第一周就喜欢上了自己的物理老师。刚开始，她被物理老师帅气的外表打动，后来在接触中，她发现自己的物理老师不仅人长得帅，还对学生负责，自己每次问老师问题，老师都会十分耐心地讲解。在小周的心目中，物理老师就是"男神"。

之后，她每次上物理课就兴奋得不得了，如果长时间不见，还会十分想念。终于有一天，小周鼓起勇气向物理老师表白了，可老师委婉地告诉她："谢谢你的好意，但是你的年龄还小，现在应该把精力放在学习上。而且最近你的成绩好像下滑了一些，还是多花点时间把成绩搞上去吧。"

遭到老师拒绝的小周，十分伤心难过，她竟然开始自暴自弃，不上学也不回家了。父母知道后，急忙四处寻找，好不容易在一个网吧中找到了她。但是父母并没有责备她，而是劝她好好回去读书，等将来考上大学，学业有成了，再谈感情也不晚。

固执的女孩还是没有听从父母的劝说，再一次离家出走。在出走前，她还留下一篇日记，日记中记录了她对物理老师的"爱恋"，并表示如果不能跟老师在一起，她宁愿去死。幸好后来在警察的帮助下，女孩回了家。

父母见她执迷不悟，加上成绩下滑得十分厉害，只好将她转到了另一所中学。

青春期女孩情窦初开，而接触最多的就是同学和老师。与同龄的同学相比，年龄稍长一些的男老师显得更成熟和睿智，再加上他们有才华，更容易吸引一些青春期女孩的关注。

一个人喜欢谁、讨厌谁，本是个人的自由，但是在喜欢老师这件事情上，女孩一定要把握好分寸。也就是说，你可以喜欢和欣赏自己的老师，但不能够爱上他，更不能在他面前丧失理智。喜欢与爱之间是有很大的差距的。就像案例一中的女孩，完全活在美好的幻想中，最终酿成了悲剧。如果你在老师身上投入了太多的情感，就像案例二中的女孩一样，觉得自己不能跟老师在一起宁愿去死，那就超越了喜欢的界限。

而且，青春期的女孩年龄还小，学业也未成，即便单恋老师，也不可能与对方有圆满的结果。既然如此，我们又何必在老师身上投入那么多无望的情感呢？倒不如在对老师产生好感时，及时按下自己的理智"按钮"，控制自己的情感，调整自我的状态，将更多的精力投入学习中，让自己在学习上取得更好的成绩。

但是，说起来容易，做起来难，很多女孩可能都有这样的感受：明明很想控制自己，却忍不住要去关注自己喜欢的老师的方方面面，这时该怎么办呢？

下面的建议希望可以帮到你。

1. 要给自己心理暗示

对于喜欢老师这件事情，最简单、有效的处理方法，就是对自己"狠"一点。说白了，就是不断地给自己心理暗示，不断地告诫自己："我们并不适合，也不会在一起。""他有妻子，有孩子，根本不喜欢我，我也不能让自己做个破坏老师家庭的人。""这根本不是我需要的情感，我需要好好学习，让我有一个美好的未来。"……不断地暗示之下，你的注意力就会从老师身上慢慢地转移开来。

2. 通过一些体育运动或者课外活动转移自己的注意力

在学校，如果你无法控制自己情绪，可以选择围着操场去跑步，一圈一圈地跑，直到非常累，你会发现此时的自己连想东西的力气都没有了。也可以做一做仰卧起坐，总之要让自己身体感到疲惫，这样你就不会再胡思乱想了。

另外，你也可以通过参加一些有益的课外活动来转移自己的注意力，比如尝试去开发一项新的技能，挖掘一下自己在某些方面的潜能。寻找几个志同道合的伙伴，做一些其他感兴趣的事情，或者做一些公益活动等，和同龄人一起享受当下充满活力的青春时光。

你也可以给自己定一个目标，比如在期中或者期末时，让自己的某一学科考多少分，或者让自己的班级排名提高几名；也可以在完成目标后，奖励自己一次旅行等。以上这些都是可以转移你的注意力的，让自己去关注对自己来说更现实、更有意义的事情。

总之，喜欢上男老师并不是你的错，也不是什么罪大恶极的事情。相反，这恰恰表明你已经开始注意异性，有了情感意识，我们应该尊重青春期时这种美好的情感。但是，基于种种现实因素，我们还是应该把对老师的情感转化为学习的动力。如果你能将这种情感用得恰到好处，你就会发现它可以促进你更好地学习和成长。但如果你任由这种情感发展下去，不仅会影响学习成绩，还会让你身心憔悴、疲惫不堪。

所以，在任何时候，我们都要把握好自己与男老师相处的尺度，让你们之间美好的关系成为你学习生活中的一抹亮丽的色彩，照亮你的内心，也照亮你未来的美好的前程。

理性追星，不沉迷于明星的外表

案例一：

2017年6月的一天，浙江省湖州市某中学初二的几个女生一起请假，因为她们要到杭州去看某位明星，据说那位明星正在一座山上拍戏，这几名女生就相约一起去看自己的偶像。

这几名女生，一大早就起来往山上跑，可到山上后根本没有见到自己的偶像。她们一等就是一整天，最终在回来的时候找不到下山的路。当天晚上，这几名女生在山上大喊："救救我们，我们下不来了！"幸好，那天有一位派出所的民警在山下值班，听到叫喊声后，立即上山将几名女生领下了山。

据那位民警说，他听到喊叫声赶到山上的时候，发现这几名女生正困在一个陡峭的山坡上，四周灌木丛生。天色已晚，如果她们盲目下山，稍有不慎就会滑落下来，甚至受伤。

民警打着手电筒，经过一阵摸索，终于在杂草丛中找到了一处下山点。"注意脚下，手伸过来。"民警将梯子扛了过来并且固定好，将被困的几名女生从山坡上安全扶下来。直到晚上 11 点钟，这几名女生才安全得救。此时，救援人员的衣衫早已经被汗水浸湿。

但就是在救援的过程中，还有一批批中学生模样的人乘车到山下，想要到山上去看自己的偶像。出于安全考虑，民警将她们一一劝返。

案例二：

2005 年，某歌星为了给自己的专辑做宣传，在长沙举办签售会。会后，乘飞机离开。但是一名女歌迷追到机场送完偶像后，竟然不知何故要跳河寻死。幸亏公安人员及时发现，才将她给抢救回来。当被问及为何要跳河自杀时，这个女孩称是因为不舍得自己偶像离开，一时想不开，才去寻短见。

案例三：

2007 年，甘肃兰州市一名女孩，因为疯狂迷恋某位明星，竟然辍学去追星。她甚至不惜让父母卖房、卖地，拿钱不远万里到某个城市去找那位明星。但是，明星并不是那么好"追"的，而这位女孩的父亲因为女儿追的那位明星没能满足女儿的要求，竟然跳河自杀，这件事情轰动一时。

"追星"并不是个新词，近几年随着互联网的发展，在社会上甚至出现了一股股的"追星狂潮"，一大群被称为"粉丝"的少男、少女为自己的偶像应援、打榜、投票、反黑、控评等，还有些女孩不惜花重金给自己的偶像买礼物，或者到现场去看明星偶像的演出。当偶像在台上又蹦又跳时，台下的"粉丝"又哭又笑，显得极为不理智。

现实中的追星者，以女孩居多。有些女孩甚至会动真感情，在网络上疯狂向自己的偶像表白："某某，我虽然没有别的女孩漂亮，但我更爱你！""某某，你唱歌时简直太有魅力了，我太喜欢你了！""某某，你本人比电视上更漂亮，我好爱你啊！""某某，我真的喜欢你，好想成为你的女朋友！"……而当你问她们为何迷恋某个明星偶像时，她们多数的回答都是：他长得太帅了，太漂亮了，等等。

实际上，女孩进入青春期后，思想会跟着身体的发育而一起成长起来，因此开始对美好的事物有了欣赏心理。明星们呈现出来的外表光鲜亮丽，几乎都是帅哥美女，这自然很"符合"少女们的"审美观"。因此，女孩们对那些帅或美的明星偶像产生好感并不奇怪。

但是，明星偶像也是人，当你看到他们光鲜的一面的时候，也要想到，他们并不是完美无瑕的。如果你把明星过于理想化、神圣化，就会让自己陷入狂热的境地，会给自己带来无尽的烦恼。上述三个案例中的女孩，都是教训。

那么，在现实生活中，女孩该如何去对待自己喜欢的明星或偶像呢？

1. 在追星的同时，不要忘记自己

女孩们要知道的是，我们每一个人，都是独一无二的个体。每个人都有着多重的身份。我们是"粉丝"，也是学生，我们也是父母的孩子，也是中华人民共和国的公民。每个人活着，都有自己的使命。在这个过程中，我们需要偶像的指引；但与此同时，自己的人生，需要自己一点一点建设。其他的身份所带来的职责，也需要我们认真去履行。如果你是学生，希望你好好学习。在不影响自己学业的前提下追星。只有自己的生活过好了，才能有更多的能量来追星，才能有更大的力量来守护自己的偶像。

2. 别只迷恋明星身上的"帅"与"美"，还要看到他们身上积极的一面

明星偶像所呈现出来的光鲜亮丽，往往都是他们在聚光灯下刻意为之的效果。其实他们也是平凡的人，也有许多烦恼和不为人知的一面。所以，生活中，我们切不可只迷恋他们表面的"帅"与"美"，多关注他们是否具有高尚的人品和超凡的气质。他们不仅吸引着你的目光，更应该能够震撼你的心灵。要知道，"台上一分钟，台下十年功"，明星在成名背后都付出了无数的艰辛和努力，他们那种勤奋、刻苦的精神才是真正值得你"追求"的，这要比他们表面呈现出来的"帅"和"美"更有意义。

3. 在追星的同时，不忘记独立思考

在现代社会，做到独立思考很难。每天都有无数人告诉我们，你该怎么做。无数人出于这样那样的目的，想要左右我们的言行。追星的时候也是一样。为了支持偶像，有人说，要去打榜、控评、反黑、冲销量。那么你怎么看呢？当偶像遇到危机的时候，有人说，要去反黑；有人说，要闭麦，任嘲。那你呢？你怎么看待？人生中，会面临很多的困惑，需要做很多的选择。不要期望别人告诉你怎么做。自己去收集信息、去读书、去思考，理性判断之后再做决定吧。自己的言行，自己负责；自己的人生，自己把握。

4. 时刻保持辩证思维，换个角度看待事物

有人说，待在饭圈，会让人越来越丧失判断力。我们看到的，都是好的东西。我们看到的言论，很多时候也趋于重复和单一。可是很多时候，对于一件事物从不同角度看会有不同的看法。每个人获取到的信息不同、价值观不同，自然会有不同的看法。希望大家不要忘记这一点，保持辩证的思维，全面、理性地看待事物。

树立健康的审美标准：
不要为追求"美"而毁了健康

案例一：

一位网红，曾在网络上公开自己的整容经历，表示自己从13岁就开始整容，3年时间整容不下60次，共花费100万元，脸上除了头盖骨外都做过修整。

之后，女孩在整容的路上越陷越深：因为她还没有形成对自己的正确认知、关于美的价值观还未成型，又总是被"审美潮流"带着跑。

之后的两年半中，女孩花了400万元，不是在整容就是在整容恢复期。把自己整成了"蛇精脸"，毫无十几岁少女的模样。

……

案例二：

2018年5月的一天，杭州市某15岁女孩因为嫌自己太胖，就在父母的陪伴下到美容院去做抽脂手术。结果，女孩出现了各种术后并发症，在医院抢救了 2 个多月，最后因各器官衰竭而去世。

后来，据女孩的父母说，女孩在一家美容院做完手术后回到家便觉得浑身疼痛难忍，她打电话给美容院，美容院说这是正常现象。之后，女孩实在疼痛得忍无可忍，最终自己打了"120"，被送去正规医院治疗，但最终却没能挽救女孩的生命。

在当下社会，很多女孩都像案例中的女孩一样受一些畸形的审美标准所影响，小小年纪就去花大钱整容，让自己丧失了真正的美。还有的，像案例二中的女孩，出于对"美"的渴望，最终酿成了悲剧。

在当下，许多女孩因为受网络的影响，有"容貌焦虑"，即过度关注自己的容貌，并对此持负面的、消极的态度。处于青春期的女孩，随着"自我"意识的觉醒，开始关注自身的美，并通过打扮去追求美，这是无可厚非的。但是，我们一定要树立健康的审美标准，切不可被畸形的审美所误导，从而给自己的身体带来伤害。

青春期的女孩，身体正处于发育时期，不要过于追求白、幼、瘦等，而是要让身体获取足够的能量，补充足够的营养，身体健康才是最重要的。如果我们单纯是出于对"美"的渴望，过早地对自己身体的一些部位"动刀子"，就可能适得其反，违背自身的成长规律，给身体健康埋下安全隐患。

那么，在现实生活中，女孩应该如何树立健康的审美标准呢?

1. 追求"美"，不要以毁掉健康为代价

对于青春期的女孩来说，人的容貌是第一视觉吸引点，最引人关注，追求形象的完美无可非议，其根本动机是获得赞许，达成理想自我。但是，如果过度追求美而毁掉健康，比如低龄整容，则是"病"。这样的女孩，对自我的形象不能给予客观的评价，容易受网红、明星等的影响，很容易形成不正确的审美观，从而以毁掉自我健康为前提去追求"美"。所以，女孩在生活中，要树立健康审美观。比如，我们可以通过加强美育工作，增加亲近大自然的活动，学习欣赏经典大师的优秀艺术作品、艺术展览，拓宽视野，开阔眼界，提升审美情趣，这才能让我们感受到美的多样性和丰富性，不再追求单一乏味的畸形审美。同时，平时要加强体育锻炼，增强对身体的自信心。

2. 积极地悦纳自己

女孩要知道，人的颜值有高低，是正常的。人无完人，容貌天生，不易改变。要欣赏平凡、调整心态、悦纳自己。正视理想与现实的距离，发掘容貌之外的优点及长处，进行自我肯定。另外，我们也要知道，世界上的美有千万种，美不是单一的，是多元的。现代是审美多元化时代，偶像的美不是唯一的美，人的每一种形象都是独特的，每一个身体都是美的。

3. 相比于颜值，我们更应该注重修炼内在美

一个人的美的标准是什么？一个人的美的标准＝外在形象美（容貌＋身材）＋内在修养美（思想、精神、品位、气质等）。真正的美是内外兼美，即外在形象与内在修养并存，所以，女孩，我们不要过度地去追求外在美，而应该注重修炼自身的内在美。比如通过阅读，使内在精神变得充实、丰富、高尚。我们应该崇尚朴素大方的自然美，珍惜健康向上的青春美。更应注意自己的言谈举止、修养礼仪，不因修养的欠缺而使形象打折扣。同时，还应塑造自己的心灵美，拥有美丽的心灵才会得到更多人的关注、喜爱。最后，我们还要塑造积极健康的心理品质等。

不必自卑，学会接纳自己的不完美

案例一：

小虹是就读于甘肃某市某中学的初二学生，她是一个孤僻的女孩。其他同学嬉戏打闹时，她经常一个人躲在角落里，好像从不参与同学间的活动。同学们都觉得小虹太孤僻、不合群，每次叫她一起玩儿，她都会拒绝。渐渐地，大家也就不跟她一起玩儿了。

周围的同学也许不知道小虹为何会这样，其实，小虹是个极为自卑的女孩，她曾经在日记中写下自己的烦恼：

"我是一个平凡的女孩，虽然年纪不大，但却有着极强的自卑心理。我身上有太多的缺点和不足，唯一能让我感到欣慰的就是我的学习成绩还比较好，在班级里能排到前几名。小学的时候，我有两个很要好的朋友，以前我是她们学习的榜样，但现在，她们的学习成绩都已经超过我了。而且在学校里，还有一些男生会给她们写情书，但我从来没有收到过，为什么我这么差劲，得不到老师的重视和其他同学的关注？"

……

"我很自卑，一开始我觉得自己没那么差劲。但后来我越来越发现自己一无是处，长得像一只丑小鸭：我的个子与其他女孩比起来更为矮小，脸上生了许多的痘痘，皮肤也黝黑……我身上为什么有这么多的缺点呢？"

班主任察觉到小虹的异常情况，找她谈了几次，希望她能够用平常心看待自己，同时也应该接纳自己的不完美。慢慢地，小虹也变得有些开朗了，开始试着融入集体活动了。

案例二：

刘某是七年级的学生，在班级里，她对自己的评价是：其一，个性孤僻，班级里的很多同学都不愿与她交流、沟通。其二，厌学，因为学习习惯不好，上课时容易开小差，经常听不懂老师的讲课，也不愿意听，作业错误率较高，经常受到老师的训斥，所以讨厌学习。其三，有严重的自卑心理以及虚荣心较强。总是觉得父母不关心自己，觉得自己各方面都不如别人，经常偷家里的钱到学校来挥霍，还撒谎不肯承认错误。

感到自卑，觉得自己处处不如别人，是许多青春期女孩都有的心理。实际上，每个女孩在个人成长过程中，都会经历破茧成蝶的过程，从一只幼小的、其貌不扬的"毛毛虫"渐渐成为一只美丽的

"蝴蝶"。在短短几年的时间里，女孩的身心都会经历一场巨大的变化。而变化结束后，女孩的身心才会逐渐成熟。这个奇妙的变化过程，就是我们一直所说的青春期。

但是，青春期也给女孩带来了诸多烦恼，尤其是身体上的不完美。不过，女孩需要明白的是，一些问题只是青春期所独有的，随着年龄的增长和身体的逐渐发育成熟，这些烦恼就会消失。所以，这种不完美只是暂时的，我们用平常心对待即可，不必在这方面过多地关注，更不需要为此而过度自卑和烦恼。

自卑，其实是一个人对自己不恰当的认识，是一种自己看不起自己的消极心理。在自卑心理的作用下，很多女孩都难以正常、轻松地与人交流。然而，青春期又是我们走出家庭、走向社会的一个重要时期，如果青春期女孩无法对自己有客观的认识，过分在意周围人的看法或目光，就无法与人正常沟通和交流，更无法与人建立真挚的友谊。就像上述案例中的小虹和刘某一样，因为觉得自己不够完美而封闭自己，这对自我的成长是十分不利的。

所以，青春期的女孩一定要懂得接纳自我，同时不断地完善自我、提升自我，这样才能让自己变得更为优秀。

那么，在现实生活中，女孩应如何去接纳自己呢？

1. 了解人无完人，不必过分在意自己的缺点

女孩要知道，每个人都是不完美的，都有这样或那样的缺点。我们也是正常的人，有缺点或缺陷也是正常的，我们大可不必耿耿于怀。那些优秀的人，并不会去刻意掩饰自己的缺点，而是会大胆

地向人展示自己的缺点，并从他人那里获得正确的启示，继而去弥补、改正自己的缺点，让自己变得更为优秀和出色。这样坦诚的人，既真诚又真实，因而也更有人格魅力。

所以，女孩在个人成长过程中，不必去过分在意和掩饰自己的缺点，而是应大大方方地面对自己的缺点和不足。在这种情况下，同学、老师更容易发现你的问题所在，然后给你提出有价值的建议和意见，这无疑就缩短了你"求索"的过程和时间，继而可以更及时、准确地改正自己的不足，让自己快速地成长起来。

2. 正确且客观地评价自己

每个女孩都是美好的，都是独一无二的。就像工艺品一样，因为特别和独一无二，所以才价值连城。而如果工匠做出许许多多一模一样的工艺品，那么就不珍贵了。

同样的道理，我们之所以独特，是因为全世界没有与我们完全相同的人，你的思想、情感、个性、才华，构成了独特的你。有些女孩可能觉得自己身上的缺点太多，所以会极为自卑。实际上，这些缺点也是你的财富，因为它们时刻提醒你要不断地努力、不断地完善自我，让自己变得更好。从这个角度上来说，这些缺点反而是激励你不断进步的优点。女孩，当你认识到了这一点，你就能不断地取长补短，在看清自己的不足的同时，将自卑的压力变成不断完善自己的动力。

第 六 章

网络安全:
坚决防范形形色色的
网络骗局

随着互联网的飞速发展,网络在给我们带来越来越多便利的同时,也给我们的学习和生活带来了诸多新的问题。比如,越来越多的女孩开始沉迷于虚拟的网络世界,在网上交友、聊天、看直播。与此同时,形形色色的网络骗局也陆续出现,给女孩们带来了巨大的烦恼和伤害。面对充满诱惑与刺激的网络,女孩们该如何科学、健康地上网,让自己免受伤害和远离危险呢?

本章以网络安全为重点,着重阐述各种各样常见的网络骗局,并提出了切实可行的防骗方法,让女孩时时做好预防,轻松上网。

小心网瘾，抵制虚拟世界的诱惑

案例一：

2021 年 9 月，被告人毛某在网络游戏平台结识了被害人周某某，其将自己注册的 QQ 号交给周某某使用，并添加周某某为好友。聊天中，周某某告知毛某自己未满 14 周岁。毛某以交换隐私部位照片等为由，将个人隐私部位照片发送给周某某，并多次诱哄周某某拍摄自己隐私部位的照片发送给其观看。毛某要求连视频互看对方身体，周某某拒绝并删除了毛某 QQ 好友。后毛某更换 QQ 号，以存有周某某隐私部位的照片相要挟，强行添加周某某为 QQ 好友，并以此胁迫周某某拍摄自己隐私部位的照片发送给其观看，周某某被迫拍摄自己裸体照片发送给毛某。周某某母亲发现周某某与毛某的聊天记录后，向公安机关报案。

法院审理后认为，被告人毛某以满足性刺激为目的，明知被害人系未满 14 周岁的儿童，仍通过网络社交软件，以诱骗、胁迫等方法，多次要求儿童拍摄、传送暴露身体敏感部位照片供其观看，严重侵害儿童人格尊严和心理健康，其行为已构成猥亵儿童罪。法院遂依法对被告人毛某判处有期徒刑六年。宣判后，毛某不服一审判决提出上诉，随州市中级人民法院进行了二审，依法裁定驳回上诉，维持原判。

案例二：

小影17岁时迷恋上了网络，那时她正在某专科学校攻读药剂专业。由于刚入学那年所学课程不多，学业较为宽松，小影业余时间非常丰富，为了打发时间，她常常和同学出入学校附近的网吧，网吧处处弥漫着一种自由颓靡的气息，沉迷于网络游戏世界的青少年数不胜数。小影起初只是把网络当成一个聊天交友的平台，后来她逐渐沉醉于虚拟世界，每天聊天、打网游、听音乐、看电影、浏览新闻，上网的时间越来越长，对现实世界的感知变得越来越冷淡，仿佛只有网络世界才是她灵魂栖息的港湾，以至于只要一天不上网，她就会表现出萎靡不振、不知所措的迷惘状态。

小影自从有了网瘾之后，功课一塌糊涂，期中考试挂了好几科，老师找她谈过好多次，但是每次小影都表现得很抗拒，她不想再听那些陈词滥调的大道理。老师在多次劝说无效的情况下，把她的父母叫到了学校。父母一番苦口婆心的说教并没有挽回小影的心，反而使她开始憎恨老师。由于反感老师的说服教育，小影开始长期旷课，经常在网吧泡通宵，有时连续一周都是在网吧里度过的，饿了就吃碗泡面，困了直接趴在桌子上小憩。她的双眼布满了红血丝，眼下的黑眼圈暗得吓人，脸色苍白如纸，由于营养不良，还曾差点儿在网吧晕倒。

老师第二次把小影的父母叫到学校以后，小影被迫休学了。父母忧心忡忡地为她办理了休学手续，强行带她到专业机构戒网瘾。然而，嗜网如命的小影忍受不了脱离网络的痛苦，趁父母不备时偷偷从家里溜了出去，直到把带在身上的钱都花光后，才拖着疲惫不堪的身体回到家里。又一次被强行拖到戒网机构后，小影终于认识到了事态的严重性，决心配合教官戒除网瘾。在这期间，她不再上网，无聊的时候，就用读书打发时间，倦了就到外面绕着操场跑步，她还交了很多新朋友，生活渐渐充实起来。她本以为自己会永远被网络吞没，没想到还能有机会享受正常生活，在教官的辅导下，她对网络的依赖性大大降低了。她也认识到，不上网并没有使自己的世界坍塌下来。

3个月之后，小影开始协助教官为其他网瘾严重的青少年做心理辅导，因为拥有相同的经历，她几乎一眼就能看出谁的网瘾又犯了，谁又憎恨父母和老师了以及谁觉得戒网无望了，由于对那些青少年的情况了如指掌，小影做起这份工作也得心应手，她经常抽出时间单独和那些"问题学生"谈心。他们年纪相仿，都有沉迷于网络的经历，沟通起来比较容易。小影帮助不少迷惘的青少年摆脱了网瘾，对于她的良好表现，教官一直看在眼里。她成功戒除网瘾之后，被聘为戒网机构的见习教官。小影希望通过这份工作使更多沉迷于网络的青少年回到正常的生活中。

如今，一些青少年沉迷于网络虚拟世界，这已经成为一种社会问题。由于迷恋网络，青少年几乎失去了对现实世界的兴趣。他们对亲人表现出漠不关心的态度，对上学也感到厌烦，甚至因为沉溺于网络而放弃学业的事件时有发生。故事中的小影便是其中的一个典型例子，她有了网瘾以后，经常不知疲倦地通宵上网，几乎把网吧当成了家，吃住都在网吧里，严重损害了她的健康，她却不以为然，坚决与老师和父母对抗，休学后被强行戒网瘾后，竟选择了离家出走。好在她迷途知返，在教官的帮助下最终成功戒除了网瘾，并致力于帮助同龄的青少年摆脱网络的侵害。

亲爱的女孩，千万不要认为网瘾是个小问题，它就像一条贪婪的毒蛇一样，不但会损耗和透支你的健康，还会严重摧残你的精神意志，并极有可能毁掉你的美好未来和大好人生。网络的世界将你与现实世界隔离开，使你迷失在虚拟的世界中，像饮鸩止渴一般，直至泥足深陷无法自拔。所以，对于未成年人来说，在自制力还不够强的情况下，千万不要迷恋网络，活在真实的世界里你才能把握好现在和未来，沉迷网络只会浪费你的宝贵青春，进而影响你的学业前程。

那么，在生活中，我们如何让自己避免染上网瘾或者摆它呢？

1. 丰富自己的现实生活

生活空虚、漫无目的的人最容易陷入网络世界，而内心充实、生活丰富多彩的人一般不会沉迷于虚拟世界。

对于未成年人而言，学习是我们最重要的任务。我们在把主要精力放在学习上的同时，在课余时间，也应多多参加课外活动，让自己的生活变得多姿多彩，让现实生活来满足自己多方面的需求，拒绝网络世界的诱惑。

2. 有意识地培养自己的自制力

青少年容易沉迷于网络，是因为自制力相对较弱。所以，生活中，我们要有意识地培养自身的自制力。比如，我们可以有计划地限制自己的上网时间，不在网络上花费过长的时间，培养自我约束、自我控制的能力。

3. 到戒网瘾机构接受专业的治疗

如果你已经到了严重依赖网络的地步，最好的解决方法莫过于接受专业的治疗，社会上早已兴起专门为青少年戒网瘾的机构，不妨尝试一下到那里戒网，在专业人员的干预下，你不用再孤军奋战，教官可以为你提供必要的指导，其他进步迅速的同龄人也可以为你提供帮助。

别轻易与网友见面：小心那些不友善的人

案例一：

2019 年 10 月，海口市的 13 岁女孩小施与在微信上认识的陌生男网友陈某见面。当天，陈某驾驶小汽车接到小施后，就对她实施了性侵。事后，陈某开车离去，伤心的小施选择了跳河。第二天，小施的尸体被警方发现。

原来，小施与陈某是通过微信认识的，两人在网上聊了两个多月后，陈某就约小施见面，事发当晚，是他们第一次见面。可是，令小施没想到的是，他们刚见第一面就发生了这样的悲剧。

案例二：

2017 年 8 月，山东青岛市的 14 岁女孩小杨独自一人到成都与一位网友张某见面。小杨与张某是在网上认识的，两人在网上经常聊天，直到互生好感。之后，在张某的一再要求下，小杨到成都与其见面。

随后，小杨孤身一人来到了成都赴约，并且在一家小旅馆入住。张某得知小杨到了成都后，就找到她所住的旅馆。

两人见面后，小杨只是开玩笑似的说了一句："你也不过如此嘛！"没想到这句话让张某彻底崩溃，他像一只疯狂的野兽，开始侵犯小杨，即使小杨挣扎抵抗，张某也没有停手。

就这样，在冲动和激情中，张某失手掐死了小杨，而他也对自己的行为悔恨不已。只不过张某更担心承担法律责任，因此他带走了自己的所有东西，并将旅馆的门锁好然后逃离。直到旅馆老板几天没见小杨，察觉到不对劲，打开房门后才看到小杨的尸体。

在现实中，被报道出的类似以上两则案例的事情不少。这些悲剧的酿成，大多是因为一方轻信网友，在冲动之下与网友见面后，发生了一些出乎预料的矛盾和冲突。

女孩要知道，我们在网络上认识的"朋友"或"恋人"，多数时候并不是你想象的美好的样子，他们在与你聊天的时候，会刻意隐瞒其身上不好的一面，而故意展示出好的一面。也意味着，我们在网上认识的多数的"网友"与真实的样子是天差地别的，所以，切不可随意与他们见面。尤其是在自己不熟悉的城市与对方见面，很有可能会酿成悲剧。

对于女孩来说，与网友在网上聊了很长时间，我们对他们的戒备心已经消除了，所以，如果真遇到什么危险的事情，我们根本无法自救。另外，女孩也应该知道，网络是一个虚拟的世界，多数时候和陌生人的沟通与交流也不是真实的。很多陌生人可能是十分危险的人物，而且也不一定能够尊重女孩子，所以，如果对方约我们见面，最好的自我保护方法就是拒绝对方。

那么，我们在与网友聊天时，应注意些什么呢？

1. 时刻保持警惕

在网上与陌生人聊天时，不要轻易去相信对方，更不要轻易被对方的甜言蜜语所打动，尤其不要相信那些一开始交流，就说对你有好感、喜欢你的人。

2. 注重隐私

与网友聊天，隐私安全也是不可忽视的，因为你不确定对方是好人还是坏人。那么在不知晓的前提下，要保护个人隐私。尤其是不要将自己的隐私或信息告诉对方，比如身份证证件上的信息、父母的姓名等。

3. 如果非要与对方见面，一定要告诉父母或让父母陪同

如果在机缘巧合下，你要与网友见面，那么一定要提前告知父母。比如，你要向父母告知对方的姓名、见面的地点、大约需要多长时间等。当然，如果父母阻止你，你也要理解父母，毕竟与一个陌生人见面需要冒很大的风险。如果你与对方的见面很有意义，也可以耐心地与父母进行沟通，如果父母愿意陪你一起去，那就再好不过了。

不要沉溺于虚拟的"爱情"

案例一:

2016 年 7 月,家住河北保定市的 13 岁女孩小梦在网上和一位男子相恋了。女孩在与男孩聊天时,总幻想着对方是位帅气的男孩,想谈一场甜甜的恋爱。另外,对方还经常在网上叫她"老婆",这更让小梦心动,期待着与对方见面。

那天,小梦如约点开了视频,发现对方居然是个老头子。小梦着实吓了一跳,父母也闻声而来。随后,父母对她进行了一番教育,让小梦也认识到,"网恋"是不可靠的。

案例二:

2019 年,湖南男孩戴某在一款网络游戏的聊天室认识了山东莱州的 14 岁女孩小语。两人成为 QQ 好友后,经常一起相约玩游戏。通过网上聊天,小语发现戴某和自己有很多相同的兴趣爱好,两人也越聊越热络,彼此心生好感。

2021年12月，戴某和小语确定了恋爱关系。深入接触后，小语发现戴某自私且自卑，为人偏执。加上两人并未在现实中见过面，于是感情就出现了危机，关系也从一开始的两情相悦变成了后来的矛盾不断。

于是，小语于2022年7月向戴某提出了分手。被分手的戴某仍然想挽回小语，一心想要复合。在小语把他微信号、手机号码都拉黑后，戴某转而开始不停地给小语发邮件，更换手机号码打电话，还联系小语的朋友们求说和……不堪骚扰的小语为了让戴某死心，谎称自己已经有了新男友。未曾想到的是，这让戴某变得更加偏激，也更加疯狂。他通过信息、邮件等不停地谩骂、贬低、诅咒小语，甚至在网络媒体上发布小语的私密信息。不堪戴某的骚扰，小语联系到戴某的姐姐，希望戴某的家人能约束和劝解他，然而戴某并没有因此收敛自己的行为。在多次请求复合被拒绝后，戴某萌生了要与小语同归于尽的念头。

2022年11月的一天，戴某网购了无人机、水果刀、折叠梯、甩棍、黑色胶带、木炭、防风直冲喷枪和气体燃料等物品，并在手机上预订了小语所在城市的宾馆。

根据以往的聊天信息，戴某找到了小语家的具体位置。之后的一天黑夜，戴某拿着购买的行凶工具到了小语家中，最终将小语的爷爷和奶奶打成重伤。随后，戴某又用水果刀将小语刺成重伤。邻居听到动静后，立即报了警。

处于青春期的女孩，对异性和爱情都充满了美好的期待和渴望。而网络的发达与普及以及虚幻性，让很多女孩放下了戒备心理，觉得通过网络聊天，可以找到真正属于自己的爱情。而正是这样的想法，使许多年轻女孩深陷网恋无法自拔，最终酿成了悲剧。

我们要懂得，网络上虚拟的"爱情"是不真实的，我们可以通过音频和视频看到对方的外貌却无法判断出对方真实的道德品质。很多骗子正是抓住网络的虚拟性，用甜言蜜语对女孩进行哄骗，俘获女孩的芳心。然后，再对女孩进行心理上的控制，进而酿成悲剧。

不可否认，多数青春期女孩的判断力不够强，但却对爱情充满了渴望，所以网络那端的嘘寒问暖和其他花言巧语，很容易让女孩陷入"对方是真的爱自己"的错觉中。当对方发现女孩已经开始对自己产生心理依赖，他们的真面目就逐渐地暴露出来了，于是就会提各种过分的要求，比如借钱、约会等。女孩一旦控制不住自己，就可能会被骗钱、骗色，甚至失去生命。

在网络或电视上，我们经常会看到这样的新闻：某花季少女沉湎于网恋，去见曾经"海誓山盟"的网友，最终却惨遭"男友"杀害……这样的事情在让人感到惋惜的同时，又让人觉得可悲。现实生活中的两个人相恋，都有可能会出现理不清的矛盾和无法很好处理的问题，更何况是隔着屏幕的"网恋"。所以，女孩要懂得，网上的虚拟"爱情"是要不得的，它不仅会占用你大量的时间和精力，最关键的是，你所"恋"的人真的不是你想象的那样，或者对方可能正在对你打什么坏主意。

那么，在现实生活中，女孩该如何去做，让自己避免陷入"网恋"的旋涡呢？

1. 正确客观地看待网络

在当下的信息社会，网络的确可以为我们提供各种各样丰富的信息和知识，这对拓展我们的知识面和增长见识是有帮助的。所以，在生活中女孩可以在网上开展各种学习活动。但是，我们也要知道网络的弊端。比如，网络上充斥着大量的垃圾信息，在网络上可能会遇到骗子，还有许多网络游戏也可能让我们上瘾，浪费我们的时间、精力和金钱等。

所以，女孩要客观正确地看待网络，提高自己的自控力，不依赖网络，不在虚拟的网络上与不真实的人陷入网恋，更不要与对方纠缠不清，上述案例二中女孩的经历就给了我们沉痛的教训。同时也要远离不健康的游戏等，这样才能让我们更好地利用网络提升自己。

2. 不在虚拟的网络世界中找情感寄托

很多悲剧的发生都是因为女孩在网上对人产生了情感寄托和心理依赖，进而被对方进行心理控制。所以，女孩切勿在自己烦闷的时候到网络上去找情感寄托。如果你有心事，可以找父母、老师、同学或者闺密进行倾诉。

另外，我们也可以趁着假期的时候，到郊外或公园去走走，散散心。或者到离家远的地方去进行一场旅行。俗话说"读万卷书，不如行万里路"，如果我们能多去了解一下其他地方的风土人情，就可以人人地开阔自己的视野，也能使我们的心胸变得开阔，心情也会变得更为愉悦和轻松。生活丰富，再加上心态良好，我们就不会轻易到虚拟的网络世界中寻找寄托了。

3. 丰富自己的业余生活

日常生活单调，缺乏追求且没有情感寄托的女孩，最容易陷入网恋之中。所以，青春期的女孩要努力丰富自己的业余生活，让自己的生活变得多姿多彩起来。当现实生活中有很多有趣的事情吸引你时，你就不会将自己多余的精力投入虚拟的网络中，更不会轻易与网络上的人陷入热恋了。

应用社交工具时，慎重添加陌生人

案例一：

今年13岁的小莹是武汉市某中学初三的学生。在6月的一天，她拿着妈妈的手机玩游戏，突然看到一个微信群里有一个人发了这样一个信息：只要将微信钱包余额截图发过来，便可以获得微信钱包里双倍的金额。小莹看到这条信息，很是兴奋，便私下里添加了群里面发信息的那位陌生人，并将妈妈微信钱包余额285.75元截图发给了对方。随后，对方发给小莹一个二维码，并强调是虚拟收款码，不会真正扣钱。

在好奇心的作用下，小莹扫了一下，妈妈钱包里的钱直接付出去了，扣了168.88元。小莹问为什么会直接扣钱，那个陌生人就又发了一个人的微信号给她，并让她扫码加这个人，这个人会给出明确的解释。于是，小莹按照那个人所说的开始操作，但却发现怎么也加不上那个人的微信。这时的小莹十分无奈，想着那 168.88 元要不就不要了。未曾想，之前那名网友发来的一段文字，把小莹吓坏了，说如果不配合的话，会打官司，并且会告诉她的爸妈，这让小莹害怕极了。小莹说，自己的父亲患有肾病，每个月要定期做透析。一家人的生活都靠母亲打工维系着。小莹害怕给父母惹上麻烦，按对方要求，添加了网名为客服人员的微信好友。

之后，对方就用语音通话，叫小莹把她母亲微信的头像打开，教她操作如何用微粒贷贷款，然后再将贷出的钱转给对方。之后，对方还要求小莹删除转账短信，并承诺在次日返款回来。第二天没收到返款的小莹，越想越不对劲，把事情告诉了妈妈。

妈妈看过后，发现自己的微信莫名其妙就贷了 3 万多元，而且这些钱还被人转走。见此情景，妈妈果断报警。

案例二：

2021 年春节期间，许多人热衷于集五福，见"福"就扫，13 岁的女孩张某也很喜欢玩这个游戏。偶然中，见到微信"附近的人"中摇到的陌生人以自己多余的"富强福"换自己缺的"敬业福"，就毫不犹豫地加陌生人为好友，结果自己微信中的几百元零钱不翼而飞。

对现代人来说，QQ 和微信等已经成为极为常见的社交方式，一些女孩也会通过这些社交软件与网友进行交流和沟通，即便是彼此不见面，仅凭网络聊天，很多人也能够建立起庞大的虚拟社交网络。但是，也正是因为互相不见面，我们才无法知晓在网络那一端的究竟是什么人。于是，很多女孩就难免会遇到类似上述案例的事件，不仅损失财物，还对自己的身心造成了伤害。所以，对于分辨能力不够强的青春期女孩来说，在应用社交工具时，一定要慎重地添加陌生人。在参加一些网络活动时，也要注意自我保护，避免成为网上一些心怀不轨者的诈骗对象。

具体来说，我们应该注意以下几个方面。

1. 不要轻易相信"缘分"

一些女孩使用社交工具时，在添加了陌生人后，往往会觉得这是一种"缘分"，并且对这种"缘分"深信不疑。殊不知，这可能是对方精心设置的圈套，正等着女孩主动上当呢。

因此，女孩们一定要注意，QQ、微信等社交软件使用起来虽然方便，能够让我们认识更多的网友，但网络世界毕竟与现实世界不是一回事，我们切勿沉迷其中。

与此同时，在与一些不熟悉的网友交流时，无论对方说什么，都不要轻易相信，同时，对方发信息，尤其是发一些链接的时候，我们切不可轻易点开，不要去扫对方发过来的二维码，更不要相信对方所说的赚钱方法有多么容易，以免自己遭受钱财方面的损失。

2. 社交工具会在不经意间泄露你的隐私

在这个宣扬自我的年代，很多女孩都喜欢在 QQ、微信、微博等上面填写各种个人资料，或者在朋友圈中发各种各样的图片、照片等，如跟家人、朋友聚会的照片，外出旅游的照片，等等，有时候遇到烦心事，也会在朋友圈中"吐个槽"。实际上，这些信息都极容易被一些别有用心的人看到。通过这些内容，他们也能够了解到女孩的一些个人信息，继而找到女孩，故意与女孩谈一些她感兴趣的事情，比如旅游、音乐、美食等，使女孩觉得彼此"很投缘"，逐渐地落入对方设计的圈套中。

所以，女孩在享受网络便利的同时，一定要增强个人保护意识，不轻易在一些社交软件上暴露自己太多的隐私信息，以免被不法分子盯上。

3. 对方如果约你见面，要尽量拒绝

有些女孩在网上与一些网友聊了很长时间后，会被对方邀请见面。这时，女孩最好拒绝。相信很多女孩都会觉得，我们在网上已经聊了很久了，彼此都十分熟悉了，见个面也没什么。但是，我们需要知道，我们跟对方其实并不熟。比如对方的真实职业、个性、人品等，我们所了解到的信息并不是真实的。我们在网络上与对方交流，对对方的了解仅来源于他自己的话，可能有很多信息都是不真实的，甚至对方还会有意向你隐瞒。

所以，在对对方不了解的情况下，贸然与对方见面是非常危险的行为，毕竟"知人知面不知心"。面对虚拟的网络世界，我们最好还是留心一些，这样才能真正地做好预防，避免悲剧发生。

随时随地发"朋友圈"，小心坏人找上门

案例再现

　　小毛是一名自拍达人，平时很喜欢把自己的照片分享到朋友圈中。可是，有一次她却吃了大亏。

　　一次，小毛发了一条朋友圈，写道："票都买好了，坐等回家了。"并附上了一张火车票的照片。几天后，小毛突然接到一个自称是铁路售票点工作人员打来的电话，说是她的身份验证出了问题，需要重新验证。

　　这个自称是售票点工作人员的人还向小毛要了身份证号和手机号。之后，对方又给小毛发了一个链接，说她进去下载后，就能确认自己的身份，可以顺利上车。于是，小毛便打开手机，点了一下对方通过手机号发过来的一个网络链接。之后不久，小毛在微信上绑定的银行卡里的1000多元钱竟然全部被转走……小毛立即报警。

上述案例中的女孩随手发的朋友圈竟给自己带来了金钱上的损失，令人震惊。其实，现实生活中类似的案例有很多。

不少女孩喜欢在朋友圈晒自拍，但我们不知道的是，那些有心机的坏人可以通过你的一张自拍照，锁定你家的位置。比如，你在家里的阳台上拍了一张照片，有心机的人首先可以通过放大这张照片的外景信息，找到相关标的物，然后再输入标的物，通过地图搜索，筛选出你所在的大概区域。甚至还可以通过照片建筑物上把手的位置、窗帘的颜色、玻璃倒影物、外墙的颜色等，找到你所在的具体的小区及楼层……

有这样一则新闻，说的是一位女孩，在朋友圈晒了两张自家窗外的风景，就有人根据这两张照片找到了她家所在的小区、楼栋及门牌号，并且趁她家大人上班的时候，冒充快递员潜入女孩家，对她进行了侵犯。

想想看，这是不是很恐怖？我们千万不要以为自己就是在朋友圈发一张照片、一张火车票、一个标志性建筑物，没有什么安全隐患。实际上，这些会被一些不法分子盯上，从而给自己的人身安全带来极大的隐患。

那么，我们还应该注意网络安全方面的哪些事项呢？

1. 家人照片不要乱发

家人的合照或聚会的照片，是很多人经常"发圈"的内容之一。但在发这一类朋友圈时，千万不要附上家人的相关信息，如名字、地址、家里值钱的物件等，以免被人盯上。

2. 护照、机票照片不要轻易在网上晒

很多人出差或者旅游，都喜欢拍一下机票的照片，虽然把个人的相关信息打了马赛克，但一些有心人还是可以通过公共信息找到个人相关信息。同时，家门钥匙、车牌、位置，这些会透露你特定时间所处的特定位置，也会透露你的生活圈。

3. 位置定位不要乱发

尽量不要在发朋友圈的时候带上位置，哪怕你在外面玩也不要发带有位置的朋友圈。据统计，带有位置信息的图片，可使坏人的作案成功率直线飙升。

4. 不要轻信朋友圈招聘信息

如今互联网渗透到了我们生活的方方面面，求职、招聘只要一部手机就可以搞定。

有些人会在朋友圈发布相关招聘信息，如果你对这个人不了解，一定不要轻信！很可能对方就是专职在朋友圈"钓鱼"的。求职一定要选择正规的招聘平台，在求职过程中，要核实对方身份、查验公司相关信息及职位的真实性。

远离害人不浅的网络"黄赌"

案例一：

2016 年 3 月，湖北咸宁一位 17 岁女孩小芸，在暑假期间拿着父亲的手机百无聊赖地玩。无意间她看到了一条广告，上面写道："网络兼职刷单，足不出户，轻松赚钱。"小芸因为好奇而点开了那条广告，未曾想到自己却落入了赌博的陷阱。

刚开始，小芸按照广告上提示的步骤和规则，拿钱出来玩。刚开始，她只是小心翼翼地从 10 元钱玩起，可不一会儿，她就赚了 5 元钱。尝到甜头之后，小芸开始下大注。最终，她不仅赔光了父亲微信里的所有的钱，还赔光了自己所有的生活费和压岁钱。

案例二：

2011 年 2 月，湖南常德 6 名未满 16 岁的青少年将他们班级的一名女孩约了出来，通过轮流劝酒的方式将女孩灌醉后带到宾馆进行了侵犯。后来，这 6 名青少年都被判了刑。

原来，这6名男同学是"死党"，平时经常在一起玩，没事就光顾网吧。他们光顾的网吧的服务器中就有色情网站。最初，几个人只是偶尔点开黄色网站的链接，后来控制不住，时常上一些黄色网页浏览，结果从最初的看一看发展成想要试一试，于是几个人就将女同学约出来，出现了悲剧性的一幕。

　　网络"黄赌"的蔓延，家庭防范教育的相对薄弱，是青少年性犯罪的主要原因之一。据有关部门调查统计，现在中学生犯罪中的60%都与"黄赌"有关，或者因"黄赌"而起。一些女孩深陷网络赌博，是因为某个广告"误入"，在尝到甜头后，一发而不可收，最终越赌越大，越输越多。

　　另外，在校的青少年学生中，有22%的人曾有意或无意地浏览过黄色网站。这些黄色网站或多或少都对青少年的认识产生了负面的影响，一些青少年的性犯罪行为，都与这些黄色网站有关。而且更为关键的是，在这些性犯罪行为中，女孩所受到的伤害远比男孩更严重。这是为什么呢？

　　首先，对于女孩来说，这些黄色网站虽然不会像对男孩产生的影响那样，带给他们极强的"性刺激"，但处于身体发育时期的女孩也会因为好奇而想去了解。在不能通过科学的渠道获取相应知识的前提下，这些黄色网站中的内容可能就会被她们模仿。

　　其次，在网络上，一些爱情小说中也有大量的两性内容描写，而对爱情充满向往和美好憧憬的女孩则很容易被这样的内容所吸引，甚至深陷其中、无法自拔。一旦有男孩向自己表白，并向她提出发生性关系，女孩可能就会受小说中两性内容描写的影响，而不出自主地想要去体验。

所以，网络"黄赌"真的害人不浅，我们一定要对这些提高警惕，切勿上当去参与赌博，更不要沉溺黄色网页，偷吃禁果。

那么，女孩如何做才能避免被网络"黄赌"伤害呢？

1. 不要尝试去赌博

在网络上，女孩千万不要去尝试赌博，因为你一旦尝试就很容易陷入其中而无法自拔，最后容易犯上"赌瘾"。一个人在沉迷网络赌博之后，是很难戒掉的。因为你赢过，所以你想赢回来，你想最大限度地赢回来属于自己的本钱，最终越陷越深，直到输光自己的一切，这个过程对人的精神摧残是极大的。

2. 通过正规渠道了解生理知识

处于青春期的女孩，对两性产生好奇是一种正常的心理现象。我们要做的就是，通过科学、正规的渠道去了解两性知识。千万不要随意去网上搜索，因为很多网站中都隐藏有黄色网页。在上网时，如果你不小心误点了这类网页，直接关掉即可。

当然，比较有效的预防方法是在家里的电脑上安装良好的防护软件，这些软件可以很好地过滤掉色情、暴力等有不良内容的网站，给我们一个干净的网络环境。

另外，女孩在平时，最好不要去网吧。一般来说，到网吧去上网的男性比较多，而且大部分都是去打游戏的。但也会有一部分男性在网吧浏览过一些不太健康的网页、视频等。在这种环境下，女孩去网吧上网就有一定的危险性。

要学会识别各式各样的网络骗局

案例一：

2016年8月，广东佛山市一名13岁女孩小菲遭遇了网络诈骗，在此过程中，她不但对骗子下的圈套深信不疑，甚至还帮着对方一起骗自己的父母。

原来，几天前，小菲在网上看到一则"免费领取游戏皮肤"的广告，小菲没有多想，就扫了广告页面上的二维码，把对方添加为好友。结果，对方却声称自己是某市公安局的，通过调查发现小菲恶意拖欠他人6万元，到网购平台购买指定商品，才可以解除涉案嫌疑。

诈骗者在谎称自己是民警之后，他还向女孩发送了自己所谓的"警官证"，并且通过视频对话的形式，一步一步地去诱导小女孩进行一些转账的操作。而在得知小菲的手机并未开通支付功能后，这名"民警"就说自己可以代购商品，只需要小菲用父母的手机扫码转账。对于这些前后矛盾、错漏百出的说辞，涉世不深的小菲没有丝毫怀疑。她偷偷地拿了妈妈的手机，模仿妈妈的语气，跟爸爸发送了一条索要银行卡密码的信息。

拿到了爸爸的银行卡密码之后，小菲分13笔进行了转账，合计向诈骗者转账17万元。据小菲的爸爸说，当时自己并没多想，也没给妻子打电话确认，直到后来妻子发现了转账记录，询问之下才发现小菲被骗的事情，于是马上就报了警。

案例二：

2016年4月，苏州市一名12岁女孩小晴在用妈妈的手机上网课时，一个陌生人在微信上加她为好友。小晴以为是妈妈的哪位朋友，于是就通过了对方的"好友申请"。

之后，对方自称是某地的警官，说小晴的父母涉嫌诈骗，账户已经被冻结，要在30分钟内解冻，否则其父母将要去坐牢。小晴赶紧按照要求先后给对方转账了7000多元。

之后，这件事情被小晴的妈妈知道，赶紧报了警。

随着信息技术的发展，我们几乎每天都要接触网络，而网络已经成为一些诈骗分子施展骗术的主要平台。所以，在平时生活中，无论是网络上发来的信息，还是陌生人打给我们的电话，都要带着几分警惕去看、去听，尤其是对那些一开始似乎是让你占便宜的人，更要慎重。否则，我们可能就会像上述案例中的女孩一样，落入骗子们的陷阱，让自己莫名地损失钱财，甚至还会让我们背上债务。

我们要擦亮双眼，尽力识别网络上的各种骗局。自己既不要轻信网络上各种陌生人的承诺，也不要随便去点击陌生人发过来的链接等，不给骗子任何施展骗术的机会。

为了使更多的女孩不再受网络上各种诈骗信息的蒙骗，我们整理了几类比较容易出现的骗局，女孩们一定要加以防范。

1. 快递费到付

这类骗局的套路大多是骗子通过网购途径，以"抽奖"为诱饵，谎称网购者抽到了"万元大奖"或者"高档礼品"，但需要你自己负担快递费。

然而，当你满怀欣喜地等待"大奖""礼品"到来时，却发现收到的包裹里装的只是一些粗制滥造的伪劣品。很显然，这就是被骗了。

因此，一旦有电话或者信息联系我们，称我们"中大奖"了，要给我们寄送奖品，并要求我们自付运费，你一概不要理会。骗子不能从你这里获得好处，那么他们自然也就放弃了。

2. 虚假的购物网站

随着互联网的发展，网上购物已经是很多人生活的常态，一些女孩也喜欢在网上购物，但网购有时也会被犯罪分子钻空子。比如，他们会做一些虚假的购物网址、付款网站等，当你点入消费时，就可能会落入他们的陷阱。

在 2018 年，天津市某所大学的一位女孩，在一家网站上看到了只需 4000 元便可购买万元高品质照相机的信息，并且还写着再加 1000 元即可获得苹果手机一部。对方还留下了自己的微信，女孩加了对方的微信，对方表示女孩只需要将钱款转过来，马上就可以发货，并且还发了照相机的相关图片。女孩毫不犹豫地给对方转了 5000 元，没想到女孩很快就被对方拉黑了。女孩这才意识到自己被骗了。

所以，在网购时，我们一定要到正规的购物网站购买所需要的物品，并且认真地看清楚上面的每一项需求，以免被骗子利用。

3. 网络传销

网络传销与现实中的传销一样，目的都是快速地扩大传销队伍。而且，网络传销一般都有自己的网站，通过不断地拉人的方式，进行网络诈骗活动。所以，当我们在上网时看到网络上一些打着"推荐会员""远程教育""培训个人创业"等旗号的网站时，一定要提高警惕，以免上当受骗。

第七章

禁区莫踏入：
尝试新鲜事物时，
要遵守规则

　　随着年龄的增长，女孩的心思也逐渐变得活络起来，渴望多多去尝试和接触新鲜的事与物，在此过程中，难免会漠视社会上的各种规则和约束，这只会让自己陷入危险的境地。其实，对于正在成长中的女孩来说，自我安全是第一位的，成长也并不代表要叛逆，成长就是自我生命的拓展。在此过程中，我们要注意身边的各种禁区与隐患，遵守规则，远离禁区。

控制好情绪，别因一时冲动毁了自己

案例一：

2021 年 10 月，湖北武汉市一名 14 岁的女孩因为与家人发生口角之争，一时冲动从 13 楼跳下自杀，女孩跳楼后掉在了一楼的雨棚之上，整个人趴在雨棚上无法动弹。邻居拨打救援电话后，消防、医疗等部门的人员立即赶赴现场对女孩展开救援。

但最终，因楼层太高，女孩经抢救无效身亡。

案例二：

2017 年 6 月，广西南宁市一公安局接到了一个报警电话。电话是一位男士打来的，这名男士说自己的姐姐因为与男友吵架，在家中割腕自杀，现在很危险。随后，民警迅速出警，赶赴现场进行处理。

然而，当民警和"120"救护人员一同赶赴现场，多次敲门后，里面没人响应。因为考虑到女孩家中可能有危险，民警只好破门而入。

进入房间后，民警发现女孩正躺在地板上，地板上也流了一大摊血，女孩已经不省人事。于是，医生在现场对她的伤口进行了包扎处理，然后将女孩抬上救护车，快速地送往医院救治。经过治疗后，女孩才慢慢地苏醒过来。

事后，民警通过调查了解到，女孩因为前一天跟朋友一起出去逛街回家太晚，男朋友说了她几句，于是两人就吵了起来。男朋友一生气就走了，女孩气不过，就选择了用割腕的方式来吓唬男朋友。幸好她在割腕前给老家的弟弟打了个电话，弟弟帮她报了警，这才捡回来一条命。

以上两则案例中的女孩，都是因为一时的冲动而酿成了人生悲剧。案例一中的女孩，如果在与家人发生矛盾后能保持冷静并及时沟通，也不至于断送年轻的生命。案例二中的女孩，也是因为一时冲动而选择舍弃自己的生命。

青春期女孩，因为心智还不够成熟，遇到事情时，承受能力不强，遇到一点小事，可能就会有"天要塌下来"的感觉，所以很容易做出伤害自己的事情来。我们要知道，这个世界上除了生、老、病、死，没有哪一件事情是不可解决的大事。当下你觉得天大的事情，几年后，可能会觉得那只是件微不足道的小事。所以，无论发生什么，无论你觉得发生的事情有多么不可接受，我们都不要轻易舍弃自己的生命。

其实，生活中当你感觉压力巨大时，可以试着先做个深呼吸，这种方式可以增加我们人脑的氧气供应，刺激副交感神经系统，有助于调节心率，让我们平静下来。或者我们在极为愤怒的状态下，可以尝试着去数数，比如从 1 数到 10，让自己冷静下来后再去做决定或采取行动。

除以上的方法外，我们还可以尝试以下的方法。

1. 在日常生活中，有意识地管理自己的情绪

处于青春期的我们，可能会对自我的情绪变化感到困惑和不安，不懂得自己为什么有时候会高兴，有时候会痛苦、愤怒。这个时候，我们要在日常生活中去仔细地体察自己的情绪变化，并将这种变化写成日记。通过自我体会和总结，我们就能掌握自己的情绪变化规律了。当我们掌握了这种规律，就可以有意识地对不良情绪进行自我控制，这是情绪管理的有效方法之一。

2. 培养广泛的兴趣和爱好

青春期也是培养兴趣和爱好的重要阶段。在生活中，我们应该多多参与自己感兴趣的活动和社交圈，让自己在兴趣爱好中找到快乐和成就感。一个兴趣爱好广泛的人，生活较为丰富多彩，心胸会更为广阔，所以，从这个意义上说，兴趣爱好有助于稳定自我情绪。

3. 别在愤怒时，做任何决定或采取任何行为

人在气头上，难免会被强烈的愤怒冲昏头脑，以至于跳过了最基本的判断与核实的步骤，做出伤害人的事。对此，心理学家指出，

人在愤怒的时候，智商是最低的。尤其在愤怒的关头，人们会做出非常愚蠢的决定和非常危险的举动。这个时候所做的决定，90%以上都是错误的。所以，女孩要保证自己的人生不后悔，就别在愤怒时做任何决定，更不要在愤怒时采取任何行动。

4. 可以用哭泣、大声叫喊、运动等方式舒缓自己的情绪

当气愤时，我们只有给这种坏情绪找一个合理的宣泄口，才能平复情绪。比如我们可以让自己大声地哭一场，哭过以后，你的内心就会变得平静一些了。另外一种方法是喊叫法，所谓的喊叫法就是通过急促、强烈、粗犷、无拘无束的喊叫，将内心压抑的情绪都发泄出来，从而平衡内在的心理状态。所以，找到一个合适的地方来喊叫可以帮助你释放内心深处的愤怒情绪。如果你觉得自己不能适应喊叫这种方法，那么唱歌、朗诵、默念也是不错的办法。

另外，我们在气愤时，要给自己找一个适合的"出气筒"。但生活中，任何人都不希望成为别人的"出气筒"，所以，感觉压力大或者情绪不好时，不要随意找人发泄。你可以把你的不满、怨恨等全部都写到纸上，然后烧了它，让你的坏情绪也随火焰变成灰烬，不要记起它，接下来就会一切恢复如常。

在任何地方，都不要藐视规则

案例一：

2018年6月，在湖南怀化市的一所初中，14岁的女孩小苗在宿舍中自缢身亡，学校的老师和同学都十分震惊。

学校规定在宿舍内一律不准用大功率的电器，可小苗并不将学校的这一规定放在眼里。有一天，不想去水房打热水的小苗，和往常一样，选择用又快又方便的热得快烧水。

其间，小苗出去了一趟，回来的时候，发现宿舍楼下面站满了人，还来了消防车。这时小苗才想起自己的热得快没拔，所幸没有人员伤亡，但宿舍东西无一幸免，还殃及了隔壁宿舍。

学校明文规定禁止使用大功率电器，小苗的违规，让自己的中学生活从此黯然。

她要赔偿宿舍损失近6万元，这对她的家庭来说，是一笔巨款。

更为严重的是，事故发生后，学校给予了她通报批评，还多次把她作为反面典型，在学校大会上点名批评。

要知道，小苗本来成绩优异，多次被评为校三好学生。另外，她还是学生代表，在开学典礼上做过演讲。

之后，学校对她的处分让她的情绪陷入了低谷。因为心理压力太大，最终小苗选择了轻生。

案例二：

2017年6月，上海市3名十几岁的女孩在郊区一个码头玩耍，不幸全部落入水中溺亡。但是，这个码头外围有护栏，上面写有醒目的"禁止翻越"的警示语。可这3名中学生却无视警示，翻越护栏，酿成悲剧，让人惋惜。

藐视规则，不守规矩，会让我们付出巨大的代价，上述两则案例都证明了这一点。所以，青春期女孩对社会上的各种规则，一定要严格遵守。从某种意义上来说，这也是在保护我们自己的安危。试想一下，如果每个人都不遵守规则，为所欲为，那么我们的安全又怎么能得到保障呢？

那么，在生活中，我们具体该如何去做呢？

1. 任何时候都要按规矩行事，培养自己的规则意识

中国有句古话叫"无规矩不成方圆"，法国有句名言叫"秩序，只有秩序才能产生自由"，这都是在强调规矩和秩序的重要性。在

成长过程中，我们既需要不断地去接触新鲜的事物，也需要规矩和原则的约束。在做事情时，如果经常不按规矩行事，很容易给自己带来危险，上述两则案例就是教训。

在任何时候，规矩和秩序都是社会公共生活的基本准则，离开了它，任何社会活动都难以顺利开展。所以，对于女孩来说，学会按规矩行事，培养自己的规则意识是十分必要的，这不仅能保证我们自身的安全，也是我们走上社会、获得他人尊重的重要前提。

2. 别以"年少无知"为理由来为自己开脱罪责

在生活中，一些未成年人会认为自己"年少无知"，习惯用"我还小""我不懂""我又不是故意的"等理由来为自己开脱、找借口，认为自己年纪小，做错事就应该被原谅。这种想法既错误又荒唐，无论在什么时候，"无知"并不是我们任意违反规则、违法犯罪的借口。而且正因为我们年少，更应该意识到，很多事情在年少时就不可以做，很多规则在年少时就要遵守；同时，也因为无知，我们才要更多地去学习，让自己变得"有知"。

叛逆并不是青春与个性的表现

案例再现

> 2016年，南京市一名14岁的女孩小安，骑着借来的摩托车在路上疾驰，结果撞到路边，当场殒命。出事的原因很简单，这小姑娘太小了，没有驾驭摩托车的体格，也没有充足的经验。实际上，她连驾照都没有。
>
> 在此之前，曾有人提醒她，你年龄这么小，根本没有能力去很好地驾驭摩托车。她却傲气地回怼人家："我不管，我就要骑。"
>
> 正是她的这种叛逆个性，最终酿成了悲剧。

青春期的女孩正处于渴望独立又依赖父母的矛盾中，一方面，她们渴望独立，希望能与周围的人，尤其是父母平等地交流，渴望对方能把自己当成大人一样尊重。在生活和学习上，她们不愿意让父母对自己有过多的照顾或干预，否则会产生厌烦的情绪。同时，对一些事物是非曲直的判断，她们不愿意听从父母的意见，并有强烈的表达自己意见的愿望。另一方面，她们还处于未成年时期，由于社会经验、生活经验的不足，经常碰壁，这迫使她们不得不从父母那寻找方法、途径或帮助，再加上经济上不能独立，父母的权威作用又强迫她们去依赖父母。这种矛盾，会使女孩产生叛逆心理。

青春期女孩适当的叛逆是可以理解的，但这并不代表我们可以以"追求个性"或"追求独立"为由，拿自己的生命安全开玩笑。

其实，叛逆也好，个性也罢，都是青春期的一个特点而已，并不意味着我们就真的独立了、成熟了。相反，这恰恰彰显了我们的不成熟。我们为什么会叛逆？是因为我们对于成长感到困惑，所以想要尝试一下、挑战一下，看看自己的真实能力如何。这是青春期荷尔蒙爆发所产生的冲动，无须去刻意放大。尤其对于女孩来说，通过叛逆、个性而成为他人眼中的焦点，反而可能会给自己招来非议或带来危险。

青春期女孩要追求个性也是可以理解的，但我们要知道真正的个性应该是什么样子的，切不可将自己的任性行为当成个性。

1. 真正的个性是拥有独立自主的能力

所谓的个性，就是一个人在思想、性格、品质、意志、情感、态度等方面不同于其他人的特质，这个特质表现于外就是他的言语方式、行为方式和情感方式等。对处于青春期的女孩来说，真正的个性是指：学会自立，有独立自主、自强不息的能力，不活在别人的评价中，学会自我认同。

真正的个性不是穿着奇装异服，更不是把自己的头发染得五颜六色，整天装扮得标新立异，以此来显示自己的"酷"和"另类"。一个真正有个性的人应该是内"酷"，而不是外"酷"，是内心世界的丰富与标新立异，面对问题时，能表达出自己独有的观点和见解，看待事物能鞭辟入里，而不是人云亦云。

2. 懂得进退，不踩法律红线

很多时候，我们可以将叛逆当成一种冲动，去新鲜的世界中闯一闯、看一看，这并不是件坏事。但是，我们一定要注意原则，懂得进退。一旦发现事情不是你能控制的，或者的确是你不能做的，必须及时止步。而对于自己已经犯下的错，更要知错就改，不给自己第二次犯错的机会。

简言之，我们在自我成长过程中，可以不断地突破自己，但绝不能突破秩序和规则，挑战道德和法律的红线；可以做错事，但绝不能一错再错，做出让自己无法承担后果的事情。任何以挑战道德、法律，与规则、秩序对着干的行为来证明自己的做法，都是极为愚蠢的。只有善于不断地吸取教训、总结经验，我们才能够迅速地成长起来。

3. 坚持自己的梦想，就是最大的个性

每个女孩都渴望成为别人眼中的焦点，成为他人关注的对象。为此，一些女孩不惜浓妆艳抹，穿着另类，在众人面前放肆地说笑，以为这就是个性。如果父母或老师对其进行纠正，反而还会被认为"老土""老思想"等。殊不知，这些只是哗众取宠的行为，根本就不是什么个性。

真正的个性就是坚持自己的梦想，专注用心、持之以恒地向着自己的梦想努力，用梦想的实现来证明自己的能力与价值，让自己成为众人眼中的焦点。

总之，青春期是女孩人生中一个重要的时期，我们追求独立、个性，可以通过更为积极的方式，而不是通过叛逆，或者与父母、老师对着干的方式。这样的言行除了让你显得更为幼稚、无知之外，于你的成长毫无意义，甚至还可能因此给自己招致一些不必要的麻烦和危险。

去除内心的抑郁，做个阳光积极的女孩

案例一：

2018年9月，广东深圳市龙岗区一名12岁女孩从25楼坠楼身亡。原来，该女生长时间患有抑郁症，最近因为学习压力大，和同学们的关系也处得很紧张。所以，一时想不开，就选择了跳楼。

案例二：

湖北武汉市一名14岁的女孩长期患有抑郁症，因为没能及时治疗，2017年9月，她在新学期开学后的头一天在家中自缢身亡。

事后，女孩的爸爸妈妈在她的日记本中发现了一篇这样的文字：

"因为我的成长环境，我自小就有一种孤独感。所以多数时候，我都是独处，并且在独处时我会照镜子。但每次拿起镜子看到里面的自己，我都会觉得自己的样子太丑了……我每天似乎都能找到一个让自己不开心的理由。直到现在，我懂得了一些心理学方面的知识，了解到我这种性格的形成可能与父母的教育有很大的关系。但我并没有责怪或者埋怨父母的意思，因为他们都非常爱我。他们为我提供了极好的生活条件，因为他们的性格都极为要强，所以都对我抱有极高的期望，希望我能样样拔尖、门门功课优异。但我的表现经常让他们失望，没有什么特殊的拔尖的表现，学习成绩也总是在中游徘徊。我学习很努力，希望能考出好成绩，让爸妈高兴。但我的学习效率真的是太低了，往往学几个钟头，也没能掌握多少知识。并且我隐约地感受到，当我坐下来学习的时候，内心总有一种力量像魔鬼一般地缠着我，让我根本无法静下心来。后来我也清楚了，我内心的这股力量是内心的矛盾的撕扯感。我对学习是排斥的，但为了迎合和满足父母的期望，我强迫自己去努力学习。

以上的经历已经表明，我自小就经常不开心。而我真正被确诊为抑郁症是在我初中三年级的时候。那个时候，学习压力极重，父母每天都在我耳边絮叨，督促我一定要考上重点高中。过高的期望压得我喘不过气来，看着不断滑落的成绩，我对自己越来越感到失望，对人生感到绝望。每次考试完毕，看到不断滑落的成绩，我就会恨往日的自己为什么不够努力，但对当下又感到无能为力，同时又对自己的未来感到迷茫和绝望。我对周遭的一切都丧失了兴趣，经常会觉得自己真的没用。每天傻坐在教室，不与同学、老师交流，每当他们与我讲话，我都会觉得很烦躁，内心经常感到孤单，不知道该去哪里或者向谁寻求问题的解决方法。晚上也经常失眠，经常会梦到自己从高处往无尽的深渊滑落，想抓住点什么，但身边没有任何一个东西可以让我抓住……每天在学校看到别的同学都快快乐乐的，可我的快乐在哪里？"

青春期是一个人心理发展的关键期，也是很多心理性疾病暴发的危险期。而抑郁也极容易在这个时期滋生，所以，处于这一时期的女孩要格外注意。上述案例中的两个女孩，都是因为抑郁症没得到及时的心理干预和治疗，才酿成了悲剧。

从心理学来说，抑郁症是一种常见的心理障碍，可由各种因素引起，比如遗传、充斥着矛盾和冲突的原生家庭、所处的生活环境、不良的生活信念等，这些都是抑郁情绪和抑郁症滋生的主要原因。另外，抑郁症的表现是多种多样的，但其最核心的表现主要是：第一，持续性的情绪低落；第二，对生活中的一切失去了兴趣和乐趣；第三，疲倦和疲劳。"持续性的情绪低落"，即指高兴不起来，没有什么能让他高兴的，该高兴的也高兴不起来。更为确切地说，是丧失了体验快乐的能力。那些过去可以让我们开心的事情，在抑郁的心理状态下却无法激发出我们的任何兴趣和激情，想摆脱这种状态却陷得越来越深，无法自拔。当一次次地抗争换来的是失败与绝望，改变的动力会一点点地被削弱，也许躺在床上是最好的选择，因为一切都太费力了，生活对患者而言会变得异常地艰难。起初，逃避可能会让我们感觉好受一些，但最终逃避也成了我们问题的一部分：越逃避，就越恐惧；越逃避，就越自我疏离；越逃避，就越会被失败以及不快乐的感觉所淹没。

"对生活中的一切失去了兴趣和乐趣",即指平时比较感兴趣的事情或东西,现在也不感兴趣了。"疲倦和疲劳",这个指精神方面的疲倦,它是指即便你停下来什么也不做,就是躺在那里,也会感到疲倦和疲劳。对于这些抑郁症患者来说,让他们感到疲累的是内心一直处于冲突和矛盾的状态,这些冲突和矛盾会消耗掉我们内心的能量,会让我们处于疲惫和倦怠的状态。

总之,抑郁症对我们的生活和心理造成的负面影响是巨大的。所以,在现实生活中,我们要密切关注自己的心理健康,避免被抑郁症盯上。

那么,在现实生活中,女孩该如何避免自己被抑郁症盯上呢?

1. 及时地缓解学习压力

青少年时期,学业压力比较重,课程作业、学习任务繁重,很容易出现各种各样的心理负担。比如,一些学生会因为考试考得不理想,未曾达到预想的水准,从而产生强烈的自责心理,进而对多年的学习过程产生自我否定或其他悲观的情绪或行为,有的会有明显的挫败感,会表现出持续性的情绪低落、悲观失望,随着自卑感的加深还会出现厌学情绪,等等,而我们如果长时间被这些负面情绪缠绕,就容易滋生抑郁心理。如果不及时进行心理干预和治疗,就很容易患上抑郁症。所以,在平时的学习中,我们一定要懂得及时缓解压力,避免让自己长时间处于负面情绪中。当然,缓解学习压力的方法是多种多样的,比如我们可以通过听音乐、泡热水澡或者同父母一起出去旅游等方式，放松自己。

2. 保证睡眠充足

保证睡眠充足也能预防抑郁症，在生活中，我们要尽力做到不熬夜，不要过度劳累。

3. 适度锻炼

适度运动能预防抑郁症。所以，建议我们每天进行 30 ～ 60 分钟的运动，如散步、慢跑、游泳、打羽毛球等。当然，也不要过度运动，以免加重身心负担。

4. 增加社交活动

丰富的社交活动，良好的人际关系，也能预防抑郁症。所以，在生活中，我们要积极参加各种社交活动，扩大自己的社交圈。

5. 关注自己的心理健康

在注重个人学习的同时，也要关注自己的心理健康。如果发现问题，要及时找老师或与家长进行沟通。只有及早发现问题，才能将心理疾病扼杀在萌芽状态。

讲礼貌、懂原则，也是对自我的保护

案例一：

2019 年 6 月，在山东临沂市闹市街头，一个年轻女孩，对着一位三轮车阿姨拳打脚踢，引发了众人的围观。

女孩看起来柔柔弱弱，下手却十分凶狠。她死死扯着阿姨的头发，然后一脚一脚，重重地踹到对方头上。嘴里不仅脏话不断，还一直叫嚣着："要是我今天有刀，我就弄死你。"

女孩的行为让人不禁疑惑，究竟是多大仇、多大怨，女孩要对他人下这种死手？周围的目击者称，两人矛盾的起因，是前一天女孩不小心把手机落在了阿姨车上。那位阿姨看到后，好心联系了女孩。两人商议好了，女孩第二天来取，并支付给阿姨 60 元的感谢费。

没想到，第二天女孩一拿到手机就反悔了，不愿意给钱，扭头就走。女孩还说："你有本事别送，我让你来你就来，我是你妈吗，你咋这么听话？"快 50 岁的阿姨，哪受得了这样的羞辱？她一把拉住了女孩，女孩就对她动了手。

最终，警察到场，将女孩带走。

上述案例中的女孩是因为不懂得礼貌待人，导致了冲突的发生，实属不应该。

礼貌待人是指人们在与他人交往中的品行和礼仪，是处理人与人之间关系的社会公德之一，也是文明行为中最起码的要求。对于青少年来说，礼貌待人不仅能体现出对他人的尊重，还能营造出人与人之间平等与友好的关系，能有效地避免各种恶性冲突的发生。这也是对自我安全的一种保护。

那么，在现实生活中，我们该如何去做呢？

1. 对人要宽容，不要轻易与人发生冲突

生活中，人与人之间难免有矛盾和冲突。如果我们事事都去计较、较真儿，就会烦恼不断。所以，对于女孩来说，在遇到矛盾与冲突时，我们可以多站在他人的立场上考虑问题，以宽容之心去理解别人。宽容可以有效消除人与人之间的各种冲突，这也是一种自我保护的方式。

2. 常用礼貌用语与人交谈

要想成为一个有礼貌的女孩，提升自己的修养，我们平时在与人交往时就要经常将一些礼貌用语挂在嘴边。比如，见面时要打招

呼，热情地说"你好"；向别人请求帮助时，要说"请问您能帮我一下吗"……虽然这些都是简单的礼貌用语，但只有经常说出来、做出来，才能慢慢地变成自己的习惯，使其成为自己人格修养中的一部分。

3. 对人要保持微笑

微笑是这个世界上最美的语言之一，它传递着礼貌、和平、友好和幸福。虽然微笑只是个简单的动作，但它却能产生无穷的魅力，感染身边的人。所以，我们在与人交往时，一定要学会用真诚的微笑来表达自己对他人的礼貌、尊重与友善。